ニホンウナギ読本
ウナギの"想い"を探る

共に生きる未来へ

陰の編者
ニホンウナギ

京都大学名誉教授 **田中 克** 編
九州大学特任教授 **望岡典隆**

花乱社

はじめに

　本書の編集に専念しようと思い立った矢先，2024年1月1日夕刻，正月を祝うために久しぶりにふるさとに集まった家族団欒の幸せが，一瞬にして悲劇のどん底に突き落とされる大震災が起こってしまいました。令和6年能登半島地震です。多くの人々が自然を大切に，周りの人々と共に，慎ましく生きてきた里山や里海の暮らしが根こそぎ崩されてしまっただけに，その痛ましさがいっそう深く胸に突き刺さりました。

　人々の暮らしの根底を支えてきた水の供給が瞬時にして断たれ，あらためて私たちの日々の暮らしといのちを支えている物質は水であることが浮き彫りになりました。2011年3月11日に東北太平洋沿岸の広域にわたって未曽有の被害をもたらした東日本大震災時に，被災直後の人々のいのちを支えたのは，山から浸み出る水であり，暖となり食卓を支えたのは薪材でした。私たちのいのちを支えているのは自然の恵みであることを改めて思い知らされました。

　今，私たちはこれまでに経験したことのない重大な危機に直面しています。それは，多くの命がつながり合う地球生命系の根本を揺るがす急激な温暖化と生物多様性の崩壊です。いずれも私たちの日々の営みとしての産業や暮らしのあり様から生み出されたものであり，今では，それらは重なり合って地球危機を増幅しています。いのちが縦横に結び合った地球生命系を下支えしてきた水の循環，海と陸（森）の間の水循環の根底が大きく崩されてきているのです。不幸にも，能登半島地震は，そのことが私たちの暮らしといのちに深く関わった持続可能な社会の大元であることを，大きな犠牲を伴って問いかけました。

　私たちが生きるこの水の惑星"地球"が直面する，超えてはならない九つの境界のうち，すでに六つまでが限界（プラネタリー・バウンダリー）を超え，

後戻りできないぎりぎりのところに至っています。この危機を回避し得る道はあるのでしょうか。今一度，原点に立ち返って考えることが求められます。それは，地球上に私たちよりずっと昔から生き続けてきた"先人"としての野生の生き物の"表情"を見つめ直し，その"声"に謙虚に耳を傾け，人々が力を合わせて，身の回りの生き物と共に歩む道を探ることではないでしょうか。差し迫る地球危機を回避する道を，身近な生き物を通じて具体的に考え，行動に移すために，本書の刊行に思い至りました。

　私たち今を生きる人間の目先の都合を優先させて追い詰めてしまった"絶滅危惧種"の存在は，鏡に映し出された私たち自身の姿そのものだと思います。本書では，私たちが直面する地球の危機を身をもって最もよく知る生き物は，絶滅危惧種にしてしまったニホンウナギであると捉えました。今一度その生きざまのすごさと奥深さに目を向け，彼らの声なき声に耳を傾け，その生き方に学び直し，人間もウナギと同じ地球生命系の一員として，目先の都合による争い（分断や対立）を乗り越え，ウナギと共に生きる未来を考える入り口になればと願っています。とりわけ，これからの時代を生きる若い世代の皆さんに手に取ってもらえればとの思いの下に本書を刊行するものです。

　2024年8月

編　者

〜〜〜〜〜〜〜〜〜〜〜〜〜〜〜〜 目 次 〜〜〜〜〜〜〜〜〜〜〜〜〜〜〜〜

はじめに　編者　3

総論　ニホンウナギ──限りない魅力と神秘性 ・・・・・・・・・・・・ 10
九州大学農学研究院 特任教授　望 岡 典 隆

序章　地球の"先人"ウナギに学ぶ

人と共に生きる未来を拓く10の提案 ・・・・・・・・・・・・ 16
ニホンウナギ
［代理人：NOMA・野中ともよ・佐藤正典・田中 克］

コラム1 ほとんど未知のクロコの生態 みんなで調べてみよう ・・・・・・・ 21
編 者

第1章　ウナギの生態・資源

汽水域の干潟がウナギを育む ・・・・・・・・・・・・ 24
鹿児島大学 名誉教授　佐 藤 正 典

コラム2 筑後川とウナギ ・・・・・・・・・・・・ 29
北九州市立自然史・歴史博物館 学芸員　日比野友亮

街のウナギと田舎のウナギ ・・・・・・・・・・・・ 31
京都大学 名誉教授　山 下　洋

コラム3 飼育下でのレプトセファルス, シラスウナギ, クロコの行動 ・・・・ 36
近畿大学水産研究所 特任教授　田 中 秀 樹

第2章 ウナギを探る

ウナギのルーツは深海魚 40
琉球大学 学長 西田 睦

コラム4 東アジア全体での資源管理・研究における協力 48
長野大学淡水生物学研究所 所長／教授 箱山 洋

バイオテレメトリーが明かすウナギの生態 50
京都大学農学研究科, 同フィールド科学教育研究センター 教授 三田村啓理

コラム5 外敵に食べられてもなんのその するりと逃げる裏技 ... 56
長崎大学大学院水産・環境科学総合研究科 博士課程 長谷川悠波
長崎大学大学院水産・環境科学総合研究科 准教授 河端雄毅

環境 DNA でウナギの分布を解き明かす 58
北海道大学水産科学研究院 教授 笠井亮秀

コラム6 環境 DNA によるニホンウナギのモニタリングと自然再生
未来の干潟の再生を担う若人の皆様へ 64
国立環境研究所 主幹研究員 亀山 哲

第3章 ウナギと文化

有明海のウナギ漁 68

肥前環境民俗写真研究所 代表 中尾勘悟

コラム7 有明海のウナギは語る 73

国立民族学博物館 名誉教授 久保正敏

ウナギ料理を極める 75

北九州小倉「田舎庵」3代目店主 緒方 弘

コラム8 江戸前のウナギ今昔 80

おさかな普及センター資料館 館長 坂本一男

第4章 ウナギ資源の保全・再生の試み

高校生による森と海をつなぐ挑戦 ウナギの保全と森づくり 84

福岡県立伝習館高等学校 自然科学部顧問
現福岡県立山門高等学校 教諭 木庭慎治

コラム9 蘇れ"鰻ガキ"「柳川掘割物語」 91

やながわ有明海水族館 名誉館長 亀井裕介

大阪湾のニホンウナギを森から育む ウナギの森植樹祭 93

NPO法人大阪・ウナギの森植樹実行委員会 代表 津田 潮

コラム10 大阪のど真ん中にニホンウナギが生息する 98

おおさか環農水研生物多様性センター 主任研究員 山本義彦

第5章 ウナギ目線の水辺環境の再生・保全

ウナギからの質問 102

NPO 法人アサザ基金 代表理事 　飯 島　　博

コラム11 ウナギにも訴訟を起こす権利がある 108

大阪大学大学院法学研究科 教授 　大久保規子

舞根湾震災復興に果たしたウナギの役割 110

NPO 法人森は海の恋人 副理事長 　畠 山　　信
東京都立大学都市環境科学研究科 教授 　横 山 勝 英

コラム12 ウナギとカキと森は海の恋人 116

NPO 法人森は海の恋人 理事長 　畠 山 重 篤

ウナギと共に拓く未来 地球に生きる大先輩ニホンウナギへの手紙 118

森里海を結ぶフォーラム 代表 　田 中　　克

コラム13 絶滅危惧種の円卓会議 123

森里海を結ぶフォーラム

＊　　　＊　　　＊

引用・参考文献一覧　125

おわりに　編 者　129

執筆者紹介　131

ニホンウナギ読本
ウナギの"想い"を探る
共に生きる未来へ

総 論

ニホンウナギ——限りない魅力と神秘性

九州大学農学研究院 特任教授 **望 岡 典 隆**

　ウナギの仲間はウナギ科ウナギ属に属し，世界から19種・亜種が知られています。このうち，温帯域に分布するのは6種・亜種で，残りは熱帯域に分布します。日本には，ニホンウナギ（*Anguilla japonica*），オオウナギ（*A. marmorata*），ニューギニアウナギ（*A. bicolor pacifica*），ウグマウナギ（*A. luzonensis*）の4種の生息が確認されています。このなかで私たち日本人が古くから食用としているのはニホンウナギであり，北海道太平洋岸から海南島に至る東アジアに広く分布しています。これらの地域に分布する全ての個体は単一の任意交配集団（各個体がランダムに交配している集団）を形成しており，遺伝的な差がある地域個体群は検出されていません。

　ニホンウナギの産卵場所は2008年6月に，水産庁「開洋丸」による西マリアナ海嶺南部海域における中層トロールによって，総排泄腔（腸の末端〔肛門〕と生殖口が一緒になった出口）から精液が流れ出る雄個体，同年9月に産卵後の雌個体，2009年5月に海洋研究開発機構「白鳳丸」によって天然卵，そして2009年6月にはついに熟卵をもった雌個体の採捕に成功し，ニホンウナギは日本列島から南に約2500kmの外洋で，夏季を中心に，新月時に水深200m前後の中層で産卵することがつきとめられました。トロールで獲れた親魚は川でみられるウナギとは全く異なっており，眼が大きく，腹側も含めて体全体が黒褐色で，腹部は大きく膨らんでいるものの，尾部の筋肉はほっそりし，素手でさわると骨があたるほどで，想像を絶する過酷な長旅であったことを物語っていました。

　産み出された卵は1日半ほどで孵化し，やがてガラスのように透明で木の葉状の扁平な形態の仔魚になります。その特異な形態から，レプトセファルス（小さな頭という意味）と呼ばれています（レプトケパルスとも呼ばれる）。捕

食者に発見されにくい透明な体をもち，浮遊に適した扁平な形態で，産卵場から北赤道海流に乗って西に流され，フィリピン東方海域で北上して黒潮に乗り換え，台湾東方から琉球列島近傍海域で変態し，シラスウナギとなって，冬を中心とする時期に東アジアの沿岸域にたどり着きます。レプトセファルスの栄養段階は低く，オタマボヤ類が脱ぎ捨てたゼラチン質のハウスや糞粒など，主にマリンスノーを構成するものを食べていることが明らかにされています。沿岸域にたどり着いたシラスウナギは，昼間は泥中に身を潜め，夜間の満潮時に泳ぎ出て汽水域に到達します。遊泳力が乏しい個体が上げ潮をうまく利用して上流に向かう術であり，選択的 潮 汐輸送と呼ばれています。

　汽水域の上部で着底後，体に黒色素胞が沈着し，クロコとよばれる発育期になります。クロコになると，匍匐性（底性）のかいあし類，ユスリカの幼虫，水棲昆虫などを食べ始めます。その後，腹部全体がグアニンで覆われ，体が黄褐色になる黄ウナギと呼ばれる発育期に入ると，生活環境は個体によって多様になり，そのまま汽水域に留まるもの，内湾域に降るもの，上流域をめざして遡上するもの，淡水域と汽水域を行ったり来たりするものなど様々です。ニホンウナギは25cmほどのサイズになるとそれぞれの好みの環境に定着するようになります。言い換えると，遡上は約25cm以下の個体にみられ，遡上意欲が高いクロコ期や小型の黄ウナギは滝など勾配が急な場所では，流れがほとんどない湿った場所を夜間に這うようにしてよじ登ります。

　筆者らは鹿児島県の網掛川において，落差46mの龍門滝の上流での電気ショッカーでの調査によって，ニホンウナギはこの滝を登っていることをつきとめました。しかも，滝上のウナギの生息密度も滝下と比較してそれほど低くないものでした。まさか46mの滝を登っているとは思っていなかったので，びっくりし，網掛川漁業協同組合の組合長に養殖ウナギの放流場所について確認しましたが，これまで滝より上流に放流したことはないとのことでした。あらためて滝の壁面を観察すると，細かい亀裂があり，コケ植物などが繁茂しており，湿った所が壁面の下部から上部まで断続的にみられます。湿ったところをよじ登っていけば，滝を越えることができそうなルートはありまし

総　論

たが，おそらく何度も流れ落ちながら，数日かけて上がっていくのだろうと推定されます。

　この発見は，これまでダムや堰がウナギの上流への移動を妨げる程度を評価する際には堤体の高さに注目されていましたが，これ以外に凹凸構造も重要であることを示唆するものになりました。すなわち，落差の小さい堰でも壁面の構造次第ではウナギの遡上を大きく阻害するかも知れないし，ダムでも越流部の構造次第ではウナギが遡上できる可能性があります。予防的な取り組みとして，クロコや小型黄ウナギが活発に遡上する時期の夜間に水量を調整し，ダムや堰の一部の越流部に湿った所を造成することにより，ニホンウナギや海と川を行き来する両側回遊性の甲殻類（モクズガニやテナガエビなど）を上流域に遡上させることが可能です。また，鹿児島県水産技術研究センターの研究で堰の越流部に凹凸がない堤体に対しては，越流部に芝マットや金網による簡易魚道を設置することによって遡上を助けることが確かめられています。

　黄ウナギ期となると，ミミズなどの貧毛類，カニ類やエビ類，増水時に流された陸生昆虫類などを食べるようになり，さらに成長すると甲殻類の他に魚類も食べるようになります。ニホンウナギは，昼間は石の下や護岸の隙間に隠れ，日没後に隠れ処から出て，底層付近をゆっくり泳ぎながら餌を探します。4年から十数年，河川，湖沼，内湾域などで生活した後，体はいぶし銀様の色彩となり（銀化），歯は脱灰を開始し，顎（あご）の筋肉が縮小し，眼と鰭（ひれ）が大きくなり，生殖腺が発達し始め，晩夏以降，増水時などをきっかけに川を降ります。淡水域における降河行動に関する知見は断片的で，いつ，どれぐらいのスピードで降河するのか，一気に海に出るのかそれとも汽水域などに一時期滞留するのかなど，個体ベースでの詳細はわかっていません。

　産卵回遊開始時の最小サイズは，雄は約40cm，雌は約50cmで，平均年齢は，雄では7歳，雌は9歳程度。海に出ると約半年間，何も食べずに，昼は深層，夜は表層と日周鉛直移動を繰り返しながら，西マリアナ海嶺の南部海域をめざします。昼は捕食者から逃れるために水深約800m付近を，夜は生殖腺を

成熟させるために水温が高い表層を泳ぐと考えられています。夜間，表層で月明かりを確かめているのかも知れません。産卵場近傍で採捕された小型仔魚の日齢（内耳の中にある耳石に刻まれた一日一本形成される輪紋を数えると，孵化した日がわかる）から逆算した孵化日組成から，ニホンウナギは新月2日前に産卵のピークがあることわかりました。孵化まで約1日半ですので，孵化のタイミングを闇夜に合わせているようです。産卵・放精を終えると，親ウナギは雌雄ともにその一生を終えます。

　東アジアからマリアナ海嶺の産卵場までのルートについては詳しいことはまだわかっておらず，推測の域を出ていません。かつては日本に生息しているウナギは死滅回遊（子供時代に遠くに流されて，産卵のために生れた産卵場に帰ることができない一方向の回遊）ではないかという説がありましたが，産卵場で採捕された親魚の耳石のストロンチウム安定同位体比（耳石内のストロンチウム同位体比を調べると，その個体が中国大陸の河川で成長した個体か，日本列島，台湾など太平洋岸に面する大陸縁辺部で成長した個体かを推定できます。ストロンチウム同位体比は形成年代の新しい岩石を多く含む岩石では低くなり，耳石の同比は河川水の同位体比と平衡して変化することを利用したもの）から，日本の河川で成長した個体も繁殖に参加していることが明らかになりました。すなわち，日本の河川はニホンウナギの再生産を支えている重要な場所であり，日本で行われている保全活動が本種資源の維持や増加に有意義であることが示されました。

　さて，世界のウナギ研究者を悩ませている二つの疑問があります。それは，「なぜウナギが大規模な産卵回遊をするのか」と，「なぜ川を遡上するのか」です。

　前者については，レプトセファルスは外洋のきれいな環境が必要ではないかと考えられていますが，そうであるならばマリアナ海域まで行かなくてもよさそうです。ウナギ科の起源は4000万年～7000万年前，インドネシアの周辺とされており，そこから西部北太平洋に生息場を拡大したものがニホンウナギ，テチス海を通じて大西洋まで移動したものがヨーロッパウナギとアメ

リカウナギです。レプトセファルスという長期間の浮遊に適した仔魚が，ニホンウナギの場合は北赤道海流と黒潮，大西洋の2種についてはメキシコ湾流という西岸境界流によって分布域の拡大に成功しました。このような広大な分布域にわたって一つの集団を維持するためには，集団内の地点間で偏りなく遺伝的な交流が保たれるための機構が必要です。黄ウナギは定着性が強く，移動範囲は限られているため，遺伝的交流はほぼ繁殖時と接岸回遊時に限られるので，産卵場は1箇所のまま保持されていると考えられています。

後者については，ウナギのふるさとの熱帯域では海の一次生産性は川のそれよりも高いので，川へ遡上するメリットを説明できます。しかし，温帯域のニホンウナギでは河川の一次生産の方が低いので適応的とは考えにくく，明確な答えは導かれていません。これらに関しては，第2章の「ウナギのルーツは深海魚」（西田睦さん）も参照して，皆さんで想像を膨らませてください。

私は水産庁のウナギ生息環境改善支援事業で，岩手県から鹿児島県に至る内水面漁業協同組合の漁師さんにお会いする機会を得ました。多くの漁師さんから，ウナギはかつての豊かな川や湖沼を取り戻す最初で最後の魚だとお聞きしました。漁師さんは，シラスウナギ，クロコ，黄ウナギは，河口部から上流の渓流域まで，浮き石のある瀬から深さが十分にある淵が河川全体に存在するような多様性に富む環境が必要であり，その環境が整えられてはじめて長旅に耐える銀ウナギを産卵場に送り出すことができると知っているのです。

外洋で産卵し，沿岸域や川で成長するウナギを守ることは，海洋環境と川全体を守ることに繋がります。様々な取り組みが功を奏し，レッドリストのランクが下がる日が来ることを祈っています。

序章
地球の"先人"
ウナギに学ぶ

序章 ▶ 地球の先人"ウナギ"に学ぶ

人と共に生きる未来を拓く10の提案

ニホンウナギ
（代理人：NOMA・野中ともよ・佐藤正典・田中 克）

本書のタイトルを「ウナギの"想い"を探る」に定めてもらったことに，まずは感謝申し上げたい。これまでウナギに関する本はたくさん刊行されているのは知っている。でも，どうしても人間中心の捉え方が多いようで，紹介してもらえるのは有難いけれど，ちょっと悲しく，残念な思いでずっと眺めてきたというのが本音である。

本書の編者は田中と望岡というお二人のようだが，加えて"陰の編者"として私たちニホンウナギを任命していただいたのが，とてもうれしい。そして，28名もの同じ思いの皆さんが知恵を出し合い，汗をかき，力を合わせて，共に絶滅危惧種である私たちニホンウナギと人間たち（まだその深刻さに気づいていないようだが）が力を合わせて，周りの多くの絶滅危惧種を巻き込みながら，共に絶滅の危機から脱出しよう，との呼びかけに，びっくりするとともに，とても感激している。

今，人間は2050年を目途に脱炭素社会に移れるよう，当面の節目を2030年に定めて，SDGsをはじめいろいろな取り組みを進めているようだが，今の視点とペースでは実現はとても無理だね。明日の経済成長がどうやらこうやら，という観点からばかりで地球温暖化を捉えている。これじゃあダメだ。根源的な地球の全てのいのちは，自分たち人類も含めてみいんな繋がっているっていう事実に，ちっとも気づいちゃいない。ここがまず一番大事なポイントなのに。たとえ脱炭素社会ってやつが実現しても，それぞれのいのちを支えあっている多様な生物が絶滅していくようでは全く意味不明。地球の繋がるいのちの大事さに気づくことこそがはじめの一歩なんだと声を大にして言いたい！

というわけで，日頃からシンポジウムやらフィールド調査やら開いて，大いに私たちの思いを理解してくれている代理人たちと協働して，まず「10の

提案」をまとめてみた。本書の"陰の編者"，そして，海を故郷とする野生生物の代表としての提案だよ。ニホンウナギと人間が協力して共に生きる未来を拓くための呼びかけからスタートしたい。

■ 「海」は「いのちあるもの」みんなのふるさと

　海に生まれた小さな植物は，まず動物に先駆けて，4億5000万年以上前の遠い昔に陸に上がった。その後，1億年くらい経って，今から3億5000万年ほど前に人（ヒト）の直接の祖先にあたる魚のあるグループが上陸を果たし，あなた方人間たちの誕生に繋がったわけで，その"陸に上がった魚"が今では自分たちのルーツもすっかり忘れて，いい気になって，そのふるさとである海を壊して汚し続けてるんだ。その傲慢さは巡り巡って，自分たちにこれからもっと大きな悪影響として，ブーメランのように戻ってくるんだよ。まずは，そのことに気づいてほしい。

■ 「干潟のおかげ」で海から陸へ来た「いのち」

　"陸に上がった魚"って一言で言ったけど，この，ヒトの祖先が海から陸に進出するには1000万年ほどの時を要したようだよ。皆さんの遠い祖先は，気が遠くなるような時間をかけて，陸になり，そして，また海に戻ることを繰り返す干潟のような環境に身を置きながら，陸上生活への準備を整えたと言えるんだ。そう，皆さんにはぜひ干潟に佇んでほしい。遠い昔の壮大な"いのちのドラマ"は，今日もずっと続いていることを体感できるよ。

■ 途絶える「いのちの循環」が産む気候変動

　温暖化だけが取り沙汰されてるけど，地球環境の激変は，もう後戻りできない"プラネタリー・バウンダリー"の寸前にまで来てるってことさ。代理人の中にはあの「ローマクラブ」メンバーの野中って人もいるらしいけど，ホント遅いよね，人間たちって。二酸化炭素を減らせばいい，なんて呑気なことでお茶を濁している間に，ここまで来ちゃったんだ。私たちは，水の中。あなたたちは，空気の中。この中で，みいんな繋がってるからこそ「いのち」は互いに生かされ，生きていくことができるんだ。この多様な繋がりを壊し

序章 ▶地球の先人"ウナギ"に学ぶ

続けるのを止めること。そして"いのちの循環"の中にある自分たちのちっぽけさに，早く気づいてほしい。

❹ 「いのち」あってのモノやお金でしょ

大量生産・大量消費・大量廃棄の時代を終わらせること。でないと，続く世代も周りの生き物も生きてはいけないことに早く気づいてほしい。一人ひとりにしかできないことが一番大切なんだと思うよ。山盛りあるはず。全て自分たちのやってきたことのワルさを次世代に丸投げにする生き物は，この星広しといえどもあなた方人間だけだと思う。一緒に力を合わせてこの難局を乗り越えようよ。「いのち」があってこそのお金やモノでしかないのだから。

❺ 地球は「いのち」の縦横無尽なタペストリー

地球って星は無数の「いのち」が縦横に繋がる一つの生き物である，ってこと知らないのかな。地球そのものが一つの生命体であるってことを科学的に証明した学者さんだっているんでしょ？ 人間はその多種多様な「いのち」の一員にしか過ぎないのに，この星を支配してその頂点に君臨しているかのような態度。傲慢で驕った態度はそろそろ改めるべきだと思う。それは，錯覚であり誤認でしかないんだ。難しい表現をすれば，地球生命系。そう，古い日本語で言うところの自然の掌の中で生かされているだけの存在であることを早く思い出してほしい。

❻ 「水の巡り」が繋がる「いのち」の源

地球に生きてる「いのち」みいんな，人間も「水」がなけりゃあダメ。大半は水でできてると言っても大袈裟じゃあない。宇宙からパチリ。地球の表面の7割近くが「水」。広大な海が広がっていて，陸域の表面にも大小無数の川が流れてて，地下にも縦横無尽に地下水脈が張り巡らされている。人間の身体も7割近くが水分で出来てるってんだから凄いよね。私たちウナギもあなたたち人間も，身体を構成する水は常時入れかわりながら「いのち」が営まれている。人の身体の中にも川が流れているって感じかな。それがつまれば，いのちは続かないってこと。わかってきたと思うけど，地球も全く同じことなんだよね。

18

❼ 地球の再生は地域の再生からしか始まらない

　地球は一つのお星様，広い広い宇宙の中の小さな一つの惑星でしかないことを，ファッションモデルのNOMAっていう人はいつも見据えているよね。そのことを思い出し，はじめの一歩からやり直すことを呼びかけたい。

　まずね，毎日の生活を振り返り，何を止め，何を始めればよいのかを考え，行動に移すこと。その行動の環を自分の生きてる地域に広げること。これが肝。その地域に根ざした自然に生かされている世界を作り直すことさえできれば，必ずその環は広がっていくからね。「小さな自分たちの地域」の作り直しこそが，地球の未来を変えていける「鍵」だってこと。私たちウナギは一生をかけて「いのち」を繋ぐために，地球のあちこち，海や川や山だけでなく人里までも旅しているからね。よく知っているんだよ。

❽ 瀕死の「海」を宝の「海」へもう一度

　山から川へ，そして里から海へ。大地を繋ぎ，たくさんの「いのち」を育みながら流れる水は，地球の「いのち」を繋いでいるんだという事実。そろそろよく理解してくれたとは思う。私たちウナギやたくさんの海に生きる仲間たちにとっては，ホントにずっと続いてきた死活問題なんだけど。

　さて，いよいよ皆さんの出番だと思うんだ。具体的にどうすればいいのかを，自分事にして考えて行動する舞台は皆さんの周りのそこここにある。巡る生態系の繋がりを壊せば，人が住む地域の共同社会すら崩壊させてしまうんだ，ってことを教えてくれた有明海もそうだよね。いま，自然の懐に生かされていることを思い起こして行動すれば，限りなく豊かな「いのちの宝の海」にもう一度甦らせることだって，出来ると思うんだ。だって，あなたたちの「いのち」のふるさとでもあるんだから。一緒にやろうよ。

❾ 甦る「いのちの循環」を森里海の繋がりで

　私たちウナギは泥干潟にも暮らすってご存じだったかな？　干潟をこよなく愛する佐藤って人がちゃんと調べてくれたよ。こんなに楽しそうに遊ぶあなたたち人間の子どもたちがホントにみんな大好き。時々は，捕まえられはしないかと，ちょっと身の危険も感じるけどさ（笑）。とっても幸せになるん

序章▶地球の先人"ウナギ"に学ぶ

諫早湾奥に広がった広大な泥干潟で楽しく遊ぶ子どもたち（中尾勘悟氏提供）

だ。ムツゴロウたちだって，他の魚たちだってさ。おこがましく聞こえるかもしれないけど，こんなふうにたくさんの「いのち」が湧き出る干潟，そこを遊びと学びの場にしてくれてる子どもたちの復活は，私たちウナギの願いそのものでもあるんだってこと，ぜひ思い出してほしいんだ。

こんなにも身近な生態系は森里海のつながりそのもの。四面を山々に囲まれ，多くの川と地下水系が張り巡らされてる有明海は，編者の田中っていう人が言ったっけ？　彼がいつも叫んでる"森里海連環"の世界そのものでしょ。

❿『SUGs』：Sustainable Unagi Goals を世界へ

　最後の提案です。少し過激，と思いながらも，やる時はやらないともう私たちウナギには，安全な場所と安心な未来がほとんど見えなくなってきているので，ぜひ聞いてほしい。

　目標がないよりはいい。でも「SDGs」は，やはり人間中心の視点でしかない。だから，ここからは全ての生き物目線に立っている「SUGs」に深化してほしい。本当の豊かさを見誤り，自然を壊す人間の愚かな行いを止めるために，私たちウナギを自然再生のシンボルに定めた SUGs（Sustainable Unagi Goals：足下にウナギがいる持続可能な環境の復元目標）を広げてほしい。

　この星に生きるたくさんの「いのち」の仲間とともに，生きている，そして，生かされている繋がりに感謝しながら，私たちの10の提案を終わります。

　「いのちの宝庫の星」地球の未来を拓くために，共に学んで行動していきましょう。

（ニホンウナギの代理人を務める4名は，2023年8月に発足した「"宝の海"の再生を考える市民連絡会」の共同代表を務めています）

ほとんど未知のクロコの生態
■■みんなで調べてみよう■■

編　者

　不思議に満ちたニホンウナギの生活史に魅せられた塚本勝巳先生を核に，多くの研究者による"寝食を忘れた"なみなみならぬ努力のたまものとして，その全体像が明らかにされてきた。深海魚にルーツを持ち，熱帯域から温帯域へと分布を広げ，陸から遠く離れた海の深い場所で産卵された卵は，プレレプトセファルス（前仔魚），レプトセファルス（仔魚），シラスウナギ（稚魚），クロコ（若魚），黄ウナギ（成魚），そして銀ウナギ（産卵親魚）と，呼び名や形・生理生態を変えながら，海と陸の間を大回遊する神秘の生き方を私たちに示してくれる貴重な生き物だ。

地球上に数千万年生き続けてきたウナギが瞬時に絶滅する

　ヒトという生物種が誕生していまだ20〜30万年。類人猿が生まれて約700万年。ウナギが地球上に生まれたのはいつ頃だろうか。おそらく数千万年以上前ではないかと推定される。そのウナギが今では，人の営みの影響で絶滅の危機に追いやられている。それはウナギの歴史からすると一瞬の出来事なのだ。美味しいウナギのかば焼きがもうすぐ食べられなくなるという問題なのだろうか。

ウナギの一生で最も未知の時期は？

　卵からいくつもの段階を経て，親魚が産卵するまでの過程で，最も知見が乏しく，見落とされているのはどの時期だろう。それはクロコの時期のようだ。シラスウナギは養殖の種苗として関心が高く，黄ウナギは食用として漁獲や消費の対象となり，その生態についての知見も全国各地でたくさん集められている。河口域に集まったシラスウナギは川を遡り，体色は次第に着色して（黒色素が体表に現れて），黒っぽくなるとクロコと呼ばれる。クロコは何を食べて，どこで育つのだろうか。本書のコラム⑥で長谷川悠波さんと河端雄毅さんによって紹介されているように，素晴らしい生き残りの術を持つたくましい時期らしい。また，第4章では木庭慎治さんによって紹介されているように，高校生たちが特別の許可を得て自ら育て，標識をつけて放流し，採捕を重ねて，ウナギ資源を再生する実験を行う時期としても注目される（写真1）。

　多くの魚は，遊泳力が乏しいプランクトンのような仔魚larvaから変態して稚魚

序章▶地球の先人"ウナギ"に学ぶ

写真1　伝習館高校生が育て，標識をつけて柳川の掘割に放流後，初めて再捕獲されたクロコ

juvenileになり，その後は若魚youngなどと呼ばれる。ウナギに関しては，この時期は英語ではelverと呼ばれ，クロコはこの時期に当たるようだ。大きさのイメージとしては6cm前後から15cm前後に当たり，序章でも紹介されているように，身軽で柔軟な体を生かして絶壁を登攀するのもこの時期のようだ。

そして，クロコこそ私たちの暮らしに最も近い場所，川や湿地の水辺の石の下や水草の根っこなどで，人知れず命をつないでいるのではないだろうか（写真2）。

みんなで身近な場所でクロコを探してみよう

　大きな船や最新の測器がなくても，情熱があれば，ウナギのクロコ探しは可能だ。小学校高学年から中高生ならだれでも挑戦できる。もちろん，親子での探索もおもしろい。夕食時にはクロコの話で盛り上がるだろう。昔は遊びと学びの場であった川の水辺の，適度な大きさの石の隙間をねぐらに暮らしているかもしれない。クロコ探しは，ウナギと共に絶滅危惧種になってしまった"カワガキ"の再生だ。二つの絶滅危惧種の復活につながる。世紀の大発見に挑戦してみよう。本書に面白い話題を執筆いただいた皆さん全て，その応援団になればと願っている。要請があればどこへでも飛んで行く。

写真2　柳川の高校生が育てたクロコを諫早の本明川に放流した後，自発的にクロコのねぐらを造る子どもたち

　本書の根っこにある思いは，ウナギを絶滅危惧種から解放したいと願い，自らの絶滅危惧状態からの脱出を願うことだ。いや，願うだけでなく自らそれに向かって行動することだ。そして，そのような行動の主役に皆さんになってもらいたいと願っている。ウナギもきっと，そのように願っているに違いない。

第 1 章
ウナギの生態・資源

汽水域の干潟がウナギを育む

鹿児島大学 名誉教授　佐 藤 正 典

ウナギの生活史

　ニホンウナギ（ウナギ）の一生は，驚きと謎に満ちている[1]（図1）。太平洋の熱帯海域で産卵された卵から孵化したウナギの子どもは，柳の葉のような形のレプトセファルス幼生となり，黒潮にのって約半年かけて日本の沿岸にたどりつき，親と同じ体型の「シラスウナギ」（平均体長：約6 cm）に形を変える。シラスウナギは夜間の上げ潮に乗って河川の感潮域を遡る（感潮域とは，潮汐によって水位が変動する区間。海水と淡水が混合する汽水域とそれに隣接する淡水域の一部を含む）。

　岡山県の児島湾－旭川水系での研究によれば，シラスウナギは感潮域の最上流部で着底して水底での底生生活を始め，その周辺で数年間を過ごす（図1）。その後，川の上流方向に移動して淡水域で成長するもの（川ウナギ）と，下流方向に移動して汽水域や海域で成長するもの（海ウナギ）に分かれる。川ウナギは，アメリカザリガニ，水生昆虫（トンボの幼虫であるヤゴなど），小魚などの他に，陸域の昆虫やミミズなども食べている。一方，海ウナギは，干潟の底生動物（後述）や小魚などを食べて成長する。どちらのタイプも生後5

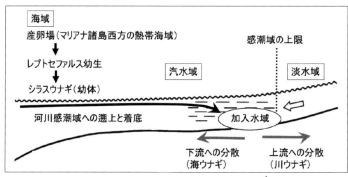

図1　ウナギの生活史（初期）の模式図　海部（2016）[1]を改変して作図。

〜10年で性成熟し，いわゆる「銀ウナギ」となって，熱帯の産卵場に向かって泳ぎ出す。

産卵回遊中の「銀ウナギ」の耳石を分析した研究によれば，日本沿岸で採集された約600個体の「銀ウナギ」の約80％が，淡水生活の履歴のない海ウナギだった[2]。すなわち，現在のウナギ資源を大きく支えているのは，海ウナギと考えられている。

海ウナギの生育場として，とりわけ重要な役割を果たしていると思われるのが汽水域の干潟である。江戸時代の頃から，伊勢湾，三河湾，瀬戸内海の児島湾，有明海などの内湾奥部の干潟で捕れる海ウナギは，青みがかった体色をもつことから「アオ」と呼ばれ，極上の味のウナギとして重宝されてきた[2]。

汽水域とはどんな所か

汽水域（河口域ともいう）は，川と海をつなぐ大切な場所だ。豊かな天水（降雨や降雪）に恵まれている日本列島は，国土が広く緑の森に覆われている。そのため，そこから流れ出る淡水には生物の生育に必要な栄養（窒素やリン）がたっぷりと溶け込んでいる。川は，そのような山から浸み出した淡水を集めながら，次第に大きな流れとなって下流の河口域に到達し，そこで海水と出会う。淡水と海水は少しずつ混じり合いながら河口の外に出てゆく[3]。

この水の流れが絶えまなく続いていたおかげで，森から流れ出た豊富な栄養が閉鎖的な沿岸水域（内海，内湾，汽水湖）の高い生物生産力を支えてきた（大きな河川が流入する閉鎖的水域は，ほぼ全域を汽水域とみなすことができる）。

汽水域の干潟の表面では，単細胞の微小な藻類が光合成を行って大増殖し，それをゴカイやカニや貝などの底生動物が食べて大増殖し，それらを魚や渡り鳥などの大型動物が食べている[4]。

ただし，淡水と海水が混じり合う汽水域は，普通の水生生物（淡水産種または海産種）にとっては住みづらい場所である。ここでは，汽水域の特殊な塩分環境に適応した比較的少数の種が，大増殖している。

淡水から海水まで幅広い塩分環境で生活できるウナギは，河川の上流でも下流でも，清流でも有機汚濁水でも，実に幅広い環境に生息することができ，それぞれの場所で，様々な餌生物を食べている[1]。

汽水域でウナギは何を食べているのか

　汽水域の最上流部（淡水域との境界）に着底したばかりのシラスウナギが何を食べて成長しているのかは，まだよくわかっていない。しかし，ある程度成長したウナギについては，消化管の内容物が調べられている。2013年に鹿児島湾内の河川の汽水域で捕獲された7個体のウナギからは合計4種の餌生物が見つかり，その大部分はカニ類と多毛類（ゴカイ類）だった（図2）。一方，2014年に有明海奥部（佐賀県鹿島市）の干潟で捕獲されたウナギ14個体からは合計11種の餌生物が見つかった（甲殻類9種，多毛類1種，巻貝1種）。

　有明海の諫早湾南岸（神代干潟）で1973年に捕獲されたウナギ2個体の胃内には，当時この干潟に多産していたマテガイ（二枚貝）の水管の断片が充満していた。

　瀬戸内海の児島湾で2008〜2009年に採集された96個体のウナギは，主に甲殻類のアナジャコを食べていた（砂泥中に深く潜っているアナジャコをウナギがどのようにして捕獲しているのかは不明）。

　利根川の汽水域上流部における調査では，ウナギは，水辺の自然環境が保たれた場所では主に魚類と多毛類を食べており，人工護岸が施されている場所では多毛類に代わってヒル類を食べていた。

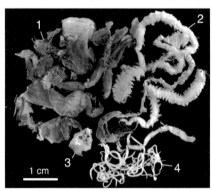

図2　鹿児島市内の河口干潟で捕獲されたウナギ1個体の胃内容物
1：ケフサイソガニ属のカニ，2：カワゴカイ属のゴカイ，3：カキ殻，4：線虫（人畜無害の寄生虫）。Kan et al. (2016)を一部改変。

　すなわち，ウナギの捕獲場所が違えば，その餌生物の種類も異なっている。ウナギは，それぞれの場所に多く生息している動物を臨機応変に食べることができるのだ。また，水底の底生動物を食べるだけでなく，ボラの稚魚の群れやゴカイ類の生殖群泳が水面に現れたときは，水中を泳ぎながらこれらの動物も捕食する。

　このように何でも食べることができる「最強の魚」であるウナギが，今，なぜ絶滅の危機に瀕しているのだろうか。

汽水域の生態系の危機

　汽水域の干潟は，その重要な役割が社会によく知られないまま，その多くが，これまでの沿岸開発や河川改修などによって失われてしまった。日本の全干潟面積は，1945年から2005年の間の60年間に40％が消失したと見積もられている。大都市が立地している内湾では特に干潟の消滅が著しく，東京湾では90％以上，伊勢湾では約60％の干潟が失われている。その結果，ウナギの餌生物である底生動物の多くが「絶滅の恐れのある種」に指定される状況に至っている。

　汽水域には，人間が多用している殺生物剤（農薬など）も流入する。宍道湖（島根県の汽水湖）では1993年以降にウナギの漁獲量が激減した。その原因は，同年から水田などで使われ始めたネオニコチノイド系殺虫剤がウナギの主な餌生物である甲殻類（エビ類）を激減させたためと考えられている。

　ウナギの絶滅を防ぐためには，汽水域の環境保全が不可欠だ。とりわけ九州西岸の有明海の保全を急ぐべきである。有明海は，シラスウナギを運んでくる黒潮の流路に近く，また，日本の全干潟面積の約4割の干潟を保持しているので，ウナギの生育場としてきわめて重要な役割を果たしていると思われる。しかも，有明海は，日本中でほぼ姿を消してしまった多くの底生動物が今なおまとまって生き残っている，かけがえのない場所なのだ。

　諫早湾干拓事業は，有明海の中でとりわけ重要な干潟を大規模に消滅させてしまった（1997年に全長7 kmの潮受け堤防によって諫早湾の奥部の35km²の汽水域が閉め切られた）（図3）。

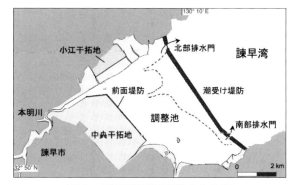

図3　諫早湾干拓事業の全体図

潮受け堤防（全長7 km）によって諫早湾の奥部（約35km²）が閉め切られ，干陸地と調整池（淡水湖）になった。点線はかつての干潟の範囲（大潮時の干潮線，約29km²）を示す。調整池の水位を一定に保つために，2カ所の排水門から淡水が有明海に排出されている（矢印）。佐藤ら（2020）を一部改変。

諫早市の再生のシンボルとしてのウナギ

　諫早名物の「美味しい鰻」は，江戸時代からよく知られており，「本明川を中心に，諫早湾沿岸で良質の青うなぎが生息していた」[16]。諫早市の中心部（諫早湾が閉め切られる前の本明川の旧河口から約5 km上流）では，今も本明川の近くで老舗の鰻料理店が営業している（図4）。かつてはこの辺りまで海水が遡上しており，「光江橋（図4の撮影場所から約1 km下流）の付近で12月の寒い時期の深夜，業者がカーバイトを焚いて，上げ潮に乗って遡上してくるシラスウナギを網ですくい取っていた」，また，「そこから約200m上流の諫早橋の付近では，河原の石を起こせば着底したシラスウナギがたくさんいた」（富永健司，私信）。干潟で成長したウナギは「ウナギ掻き漁」などの伝統漁法（本書第3章参照）で漁獲されていた。しかし，諫早湾の閉め切りによって，シラスウナギは堤防の内部に入ることができなくなり，堤防内には海ウナギも川ウナギも一切いなくなってしまった。

　もし社会での合意が成立し，潮受け堤防の二つの水門（図3）を通して調整池に海水の出入りを復活させることができれば，そこは汽水域として再生できる[14]。そうすれば，堤防の外からシラスウナギが，ウナギの餌となるカニやゴカイなどの底生動物の幼生と一緒に，潮に運ばれて入ってきて，調整池や本明川などに棲み着くことができる。

　この時，諫早名物のウナギは名実共に，これまでの争いを乗り越えて再生した諫早市のシンボルになるだろう。

図4　諫早市の中心部を流れる本明川
(旧河口から約5 km上流の公園橋より下流方向を望む）かつてはこの辺りが汽水域の最上流部だった。2013年4月撮影。

筑後川とウナギ

北九州市立自然史・歴史博物館 学芸員　**日比野友亮**

　筑後川は九州最大の河川で、その流域は熊本・大分・福岡・佐賀の4県にまたがる。流路延長は143km、流域面積は約2860km²に及び、水源の阿蘇山から弧のような流路を描いて有明海に注いでいる。

　有明海にとって、筑後川はなくてはならない存在だ。山の上から水や土砂とともに、栄養分を供給している。そしてそれは筑後川そのものだけではなく、そこにつながる田畑や、小川や、水路といった、流域全体の要素が一筋の川となって海のめぐみをもたらしている。

　筑後川は流域の人々にさまざまな恩恵をもたらしてきた。川が運んだ土砂によって作られた広大な筑後平野は田園地帯となり、縦横無尽に掘割（ほりわり）が張り巡らされた。ウナギは川の中だけでなく、水田や水路の中も利用できるので、筑後川流域の広い範囲が生育の場として機能していた。もともと筑後川では阿蘇の山奥にまでウナギが遡上していたので、ウナギは下流域だけでなく、上流域でも重要な水産物だった。筑後川上流、標高400mほどの小国街道沿いにあるウナギ店「近江屋」は、明治20（1887）年創業だ。元々はすぐ横を流れる筑後川水系の杖立川（つえたて）で捕れたものが使われていたが、1954年には夜明ダム（よあけ）が完成し、上流にウナギが遡上することができなくなってしまったので、今では養殖のウナギに変わってしまっている。

　筑後川流域の人々、特に子供たちにとって、ウナギ捕りをすることはある時期までごく普通の遊びだった。彼らのウナギ捕りの舞台は筑後川などの本流に流入する小川や堀がほとんどで、主として、釣り針に餌をつけてウナギを釣るカシバリ（置き針、延縄（はえなわ））や、竹を編んだ漁具の中に餌を入れておびき寄せて捕えるテボ（筌（うけ））が行われていた。特に盛んだったのは久留米から浮羽にかけての、筑後川の感潮域（かんちょういき）（河川で潮の干満の影響を受ける範囲）の上端から少し上流にかけてで、当時は石積みの護岸の中に多くのウナギが潜んでいたらしい。筑後川の本流では川漁を生業とする川漁師たちがウナギ漁を行っていた。漁獲量が多かったのは下流の大野島や諸富（もろどみ）、城島（じょうじま）のあたりで、大善寺にあるウナギ店「富松うなぎ屋」などは元々、筑後川で豊富に捕れるウナギを出す店だったようだ。

　筑後川流域でウナギがいつ頃減ったかを地域の古老たちにたずねていくと、二

第1章▶ウナギの生態・資源

筑後川水系に見られる水路の多くが、ウナギの生息には不適に変わっている（福岡県内）。

つの大きな転換期があったらしいことが分かる。一つは昭和30年代（1955～64年）の半ばで、水田にたくさんの農薬が散布された時期だ。それまで水田に普通に棲んでいたドジョウや小さなウナギは、以後ほとんど見られなくなってしまった。各所に固定式の堰が作られ、用水路がコンクリートで護岸されるようになったので、水田や水路といった、水のある場所の隅々までを利用していたウナギの生育の場は大きく減ってしまった。

　もう一つの転換期として挙がるのが、筑後大堰の建設（昭和60〔1985〕年運用開始）だ。筑後大堰は洪水調整と、福岡・佐賀県内の広い範囲への水道水供給の面では大きな役割を果たしていて、我々の暮らしにとってなくてはならない存在だが、環境にも影響を与えている。現在、筑後大堰の上流ではウナギがほとんど捕れなくなり、ウナギと同様に海と川のつながりが重要なアユの遡上（推定値）はもはや1万尾程度しかない（かつては100万尾以上が遡上していた）。これには、アユの産卵や生まれた仔稚魚の海への流下・生育といった生活史に、なんらかの問題が起きていると考えるべきだろう。他の川の生き物たちも軒並み減っている。

　川の生き物たち全体が大きく減ってしまっている中で、ウナギだけが減らないはずがない。川の環境の悪化は東アジア全体で起きていて、ウナギ減少の原因になっていると考えられている。生き物からのSOSを受け取って、どのようにして暮らしやすさと生き物の豊かさとを両立していくかを考えていかなければ、未来永劫、生物多様性の恩恵を受けられなくなってしまう可能性もある。これは生き物のためだけでなく、我々自身が豊かなくらしを続けていくために考えていかなければならない問題だ。

街のウナギと田舎のウナギ

京都大学 名誉教授 **山下 洋**

近くの川でウナギを探してみよう

　ウナギはしぶとい魚である。本書・山本義彦さんのコラム⑩（第4章）にもあるとおり，大阪のど真ん中を流れる川でも，条件さえ整えばウナギは棲んでいる。ウナギは昼間は穴の中にひそみ暗くなってから活動するので，近くの住民もほとんど目にすることがない。ウナギの存在に気がつかないのである。

　子ども達に提案したいのだが，庭でお父さんが菜園をやっていれば隅っこを掘り返してミミズを探し，ミミズが難しければ生のアサリや魚の切り身でもよいので，釣針に刺して数メートルの釣糸をつけて，夕方に近くの川に何本か投げ込み，翌朝様子を見に行って欲しい。ひょっとしたらウナギが釣れているかもしれない。ウナギはそれくらい身近な魚なのだ。もちろん，ウナギが生息するためにはいくつかの条件が必要だ。条件を満たさない川ではウナギといえども生活できない。もしウナギが釣れたら，ウナギが暮らす川の環境を守るためにどうすればよいのか，周りの人たちと真面目に考えてみよう。

ウナギの壁登り

　ウナギが暮らせる条件についてお話ししたい。本書・総論で望岡典隆さんが詳しく書かれているように，ニホンウナギは西マリアナ海嶺の海山周辺で産卵し，孵化したレプトセファルス幼生が北赤道海流から黒潮に乗り換えて，半年ほどかけて日本の沿岸に運ばれ，透明なシラスウナギに変態して多くが川に入り，しばらくするとみんなが知っている黒色のウナギになって川で生活する。河口や海で暮らすウナギもいるが，やはり川はウナギの棲みかとして重要だ。ところが，日本の川には堰やダムがたくさん設置されているので，

まず,ウナギが川の上流へ移動するのが難しい。しかし,ここでもウナギはしぶとさを発揮して頑張っている。ある程度の堰や滝であれば登ることができるのだ。総論で望岡典隆さんは,ウナギが高さ46mの自然の滝を登ることを紹介されている。ウナギの滝登りの映像や写真を見ると,滝や堰にあるでこぼこや植物などを上手に利用しながら,ボルダリングのようにくねくねと登っている。私が参加する研究チームが,高さ1.65mの垂直の堰の上にカメラを取り付け,ウナギが堰を登る様子を撮影することに成功した。2月から5月までの3カ月半に,102個体のウナギが堰を登ったことを報告している[1]。しかし,堰を登ったウナギのサイズは6〜14cmであり,15cmを超えるウナギは登れないことがわかった。からだが大きくなると,凹凸(おうとつ)の少ないコンクリートの壁では体重を支えられないのだろう。多くの川の調査で,河口から上流に向かって堰を越えるたびにウナギ密度が減っていくことはよく知られており,堰がウナギの河川遡上を邪魔していることは確かだ[2,3]。

街のウナギの楽園

日本では,川の多くがコンクリートで護岸されている。広い河川敷をもつ大河川よりも,都会,田舎に限らず住宅地や田んぼの間の小川のほうが護岸率が高いように感じる。川岸と川底まで護岸されている川を「三面張り」と呼ぶ。

写真1　人工護岸の間の自然の残った場所には、ウナギがたくさん生息していた。

三面張りの川では,さすがのウナギも隠れる場所や餌が少なすぎて生活はできない。コンクリート護岸でも,川底が自然で砂や小石,大石などが混ざり,泥が堆積してできた岸辺に水生植物などがあると,ウナギの餌となる小型生物の量や隠れ家の広さに応じてウナギが棲むことができる(写真1)。

近畿地方のU川は住宅地の中を流れる街の川であり，河口から2.5kmまで三面張りで住宅下水が直接流れ込み，あちらこちらで泡立っている，ウナギがいるとはとても思えない川である。さらに2.7kmの地点に高い堰があるが，その上流側に，忘れ去られたかのように数百メートルにわたり護岸されていない自然の岸辺が残されている。しかも，その上流は再び街中の暗渠となる。そのような環境にもかかわらず，この場所のウナギ密度は1㎡に約1個体であり，公式に発表されているデータの中では世界記録級である。長い海の旅の後，この川の河口に到達したシラスウナギやクロコウナギは，さらに2kmを超える三面張りの川を一生懸命泳ぎ，最後に堰を登って楽園のような場所にたどり着くのである。この場所にやってくるまでの2.7kmの道のりの間，ウナギの子どもたちは何を励みに泳ぐのだろうか。餌の匂いだろうか，それとも上流に暮らすウナギの匂いだろうか。上流にはきっと「楽園」があるという確信なしに，コンクリートで囲まれたドブ川をひたすら上流に向かって泳ぎ続けられるだろうか。

楽園の川岸は一部護岸されているが，石積み護岸なのでその隙間を隠れ家として利用できる。自然の岸辺にはたくさんのクロベンケイガニ（海と川を往復し岸辺や近くの林の中にも生息）が巣穴を作っており，人のこぶしから頭くらいの浮き石が積み重なる場所もたくさんあって，小エビや小型魚類などの餌生物も豊富である。

田舎のウナギの暮らし

田舎に棲むウナギも大変だ。それは，田舎の川にも，堰と護岸は都会と同じくらいたくさんあるからだ。私は広い田園と畑に囲まれた田舎町で暮らしているが，田んぼの間を流れる小川のほとんどは護岸されている。また，川底はさらさらの土砂で，ウナギの隠れ家となる大きな石も少ない。ウナギの移動シーズンである春から秋まで，農業用の水をためるために至るところに高い可動堰が立ち上がっており，河口からここまでウナギが登ってくるのは難しそうだ。京都大学の調査隊とともに二度，電気ショッカーを用いて（県の許可をもらって）魚類調査を行ったが，ウナギは全く見られなかった。一方，堰の高さが低い東北地方のとある小川では，ショッカー調査の際にいたる所

写真2　電気ショッカー調査によりウナギが出現した場所に赤いリボン（矢印）を付けた。密度の高さがわかる。

からウナギが飛び出してきた（写真2）。

　田舎の川のもう一つの問題は農薬だ。日本では，1990年代の初め頃からネオニコチノイド系農薬と言われる新しいタイプの農薬が大量に使われ始めた。農薬は害虫を殺すために撒かれるのだが，害虫と益虫の区別ができるはずもなく，人類に役に立つ虫まで殺してしまう。この農薬のせいでミツバチが激減して大問題となり，EUではネオニコチノイド系農薬の多くがすでに使用を禁止されている。ところが，日本では真逆の事態が進んでいる。最近，農作物の残留農薬の基準が緩和されたのだ。農民に対して，もっとたくさん農薬を使ってよいというお墨付きが与えられたことになる。

　この農薬はミツバチだけでなく，水の中で暮らす水生昆虫も殺している。1990年代後半から日本中でトンボがいなくなったと言われている。確かに，昔は夏になると川岸にたくさんのヤゴ（トンボの幼虫，川の中を成育場とする）の抜け殻があったが，最近は見ることがなくなった。太平洋を旅して川にたどり着いたばかりの小さなウナギは，水生昆虫を主食としている。島根県の宍道湖では，農薬のせいで水生昆虫やエビ・カニなどの節足動物が減ったためにウナギが激減したことを示す論文が，"Science"（『サイエンス』）という世界的に権威のある科学誌に掲載された。日本では，田舎のウナギも楽ではないのだ。

ウナギに優しい川づくり

　街の中を流れるU川の例は，ウナギの好適な生息環境に関してたくさんのヒントを与えてくれる。堰やダムは農業用水，工業用水，上水，発電，洪水の防止などのために，人々の暮らしにとって必要である。しかし，一方で諫早湾干拓事業による潮受け堤防の設置のように，本当に地域の人々のために必要だったのか，大きな疑問が残る河川や沿岸の改変工事のあることも数多く指摘されている。

　自然環境をできるだけ破壊せずに生態系にやさしい改修は可能だ。SDGsに向かって人類の知恵の見せ所である。例えば，堰にちょっとした凹凸や繊維状の構造物を沿わせるだけで，小さなウナギはそのでこぼこにとりついて堰を登ることができる。ダムに魚道があれば，ウナギはもちろん，それほどタフではない他の魚たち（例えば，アユやスズキ，サケ類など）も川の中を移動できる。護岸も同様だ。温暖化のために極端な大雨が頻発する時代に，川岸をコンクリートで固めるだけで洪水の被害を防ぐのは難しいことがわかってきた。洪水が起きてもできるだけ被害を減らす方法，川や海の自然環境を守りながら人々が持続的に暮らせる方法を考える必要がある。近年，近自然工法やグリーンインフラと言われる土木工学の技術が注目されており，人にもウナギにも優しい川づくりは，知恵とやる気があれば可能だと思う。

おわりに

　私は子どもの頃，福岡市や広島市などの大都市に住んでいたが，家のまわりの用水路のような小川で石の下や石垣の穴にひそむウナギを捕まえていた。当時は都会の川にも，今とは比べものにならないほどたくさんのウナギが棲んでいたに違いない。ウナギはある程度までなら汚れた川でも平気である。私たちのウナギ調査に参加して修士課程を修了し環境省で活躍しているS君は，東京勤務の時代に荒川でウナギをたくさん釣ったそうだ。ウナギは都会でも田舎でも暮らせる魚なのだ。小さなエビやカニ，トンボの幼虫がいる川に戻せば，ウナギはきっと増えるはずだ。そして，そのような川の存在は，その地域に暮らす人々にとっても，健康で良好な生活環境にあることを示している。

第1章▶ウナギの生態・資源

コラム3 飼育下でのレプトセファルス，シラスウナギ，クロコの行動

近畿大学水産研究所 特任教授　**田中秀樹**

北海道大学の山本喜一郎教授のグループが世界で初めてウナギの人工孵化に成功してから，ちょうど50年になる。人類が初めて目にした孵化直後のウナギの仔魚は，他の海産魚の仔魚とは全く違った姿，形をしていた。孵化後3日目ごろに腹側に口が開き，5日目ごろになって口が前を向いてくると，前方に突出した長い針状の歯が上下の顎に各4対生えてくる。多くの海産魚の初期餌料として一般的なワムシでは育てることができず，その後もさまざまな餌が試されたが，人工孵化の成功から20年以上にわたって餌を食べさせて育てることには誰も成功できなかった。

同じ頃，沖縄南方からフィリピン東方，さらにマリアナ海域の産卵場に至る海洋調査によって，次第に小さくて若い天然のウナギ仔魚が採集された。レプトセファルスと呼ばれる透明な柳の葉のようなウナギの仔魚は，消化管や筋肉が著しく未発達で，頭が小さく体表面積が大きい特異な形をしていた。これらの形態的特徴から，「ウナギの仔魚は口から餌を食べずに，体表から栄養を吸収しているのではないか？」，「ほとんど遊泳力はなく，海流に流されるに身を任せて日本列島の沿岸まで辿り着くのではないか？」などと推定されていた。

1990年代後半，サメの卵を主原料とするポタージュスープのような液体の餌によって，人工孵化したウナギの仔魚を成長させることが可能となり，2002年に初めてシラスウナギまで到達したことにより，古代から謎であったウナギの孵化からシラスウナギへの変態までの一部始終を観察することができるようになった。

孵化後1週間程度で眼が黒くなって機能的になると，人が視認できる程度の明るさのもとではウナギ仔魚は光を嫌って水槽の底に集まり，さらに水槽の底でも少しでも暗いところに寄っていく習性がある。この性質を利用して，水槽の底一面に餌を敷き詰めるようにすると餌を食べてくれるが，1カ所に餌をやっても決して餌に寄り集まることはない。このような餌の食べ方では，透明度が高く餌になりそうなものの乏しい天然の生息域でいかにして餌にありついているのか，いまだに大きな謎である。また，飼育しているレプトセファルスは想像以上に活発に泳ぎまわる。体の筋肉の層は極めて薄いにもかかわらず，ある程度の明るさの

コラム③ 飼育下でのレプトセファルス，シラスウナギ，クロコの行動

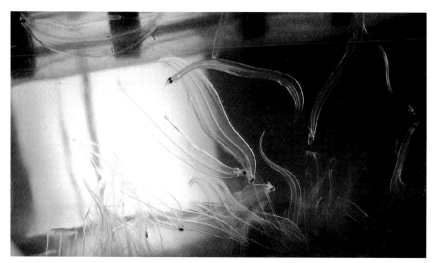

姿形からは想像できないくらい水槽を活発に泳ぎ回るレプトセファルス

もとでは流れに逆らって，疲れることなく長時間泳ぎ続ける。遊泳力の強さに比べて頭部の構造的な強度が低いため，頭部を水槽の壁や底に擦り付け続けると，下顎が外れたり吻端が潰れたりすることがある。天然海域ではこの時期に硬いものにぶつかることなどあり得ないので，水槽の壁にぶつかることは想定されていないのだろう。一方，飢餓には極めて強く，ある程度の大きさまで育ったレプトセファルスなら，数十日間絶食させても餓死することはない。これは，貧栄養の外洋に暮らしていることを考えれば納得できる。

　レプトセファルスには鰾はないが，成長に伴って比重が大きく変化する。受精卵は海水中で浮上するが，孵化後，卵黄や油球を吸収すると比重が大きくなって沈むようになる。その後成長して，体内にヒアルロン酸を蓄積し，塩分の少ない水をたくさん保持すると次第に比重が小さくなり，全長30mmを超える頃から海水に浮くようになって，最大伸長期と呼ばれる全長50～60mmで最も浮力が大きくなる。しかし，シラスウナギへの変態が始まると急激に比重が大きくなり，中層でひらひら泳いでいたのが突然，水槽の底に沈んでニョロニョロとウナギらしい動きに変わる。

　変態が始まってから10日余りでほぼシラスウナギらしい姿に変化するが，その後も約1カ月程度は餌を食べない。その間に，レプトセファルスでは未発達であった鰓が発達し，血液が赤くなって，皮膚呼吸から鰓呼吸中心に変わる。また，

第1章▶ウナギの生態・資源

歯が生え変わり，顎が丈夫になって餌を食いちぎる力を得るとともに，胃が形成されて餌の変化に対応していく。その後，海水中で飼育し続けるより汽水，淡水に移行させたほうが，餌付きが早く，色素が発達してクロコになるのも早い傾向がみられる。

そしてクロコになると，海も川も知らないにもかかわらず，水槽の壁に張り付いて上へ上へと登る個体が出現する（写真）。これがDNAに刻まれた本能なのかと感心させられる。

アクリル水槽の壁面に張り付いて登
ろうとする人工種苗由来のクロコ

第 2 章
ウナギを探る

第2章▶ウナギを探る

ウナギのルーツは深海魚

琉球大学 学長 **西田　睦**

はじめに

　何かについてよく知ろうとするとき，その対象のルーツを考えることが大切だ。生物の場合，ルーツを探究するということは，その生物が進化してきた道筋を探るということなので，なかなか難しい。でも私は，挑戦のしがいがあると思って，長年，生物とくに魚類の進化の研究をしてきた。

　幸い，研究の基礎となる生命科学の進歩や分析手法の目覚ましい発展のおかげで，若い研究仲間と共にいろいろ面白い発見をすることができた。そうした研究のことを思い出すと，その時のワクワク感も一緒に思い出される。

　このワクワク感，何かに似ていると思ったら，小学生のころに家の近くを流れていた賀茂川で，友人とよくしていた魚捕りのときの面白さと一緒のような気がする。水中に魚を見つけて「お，いたぞ」とワクワクする。魚の動きを予測し，ヤスを突く。失敗したら反省をしてまた挑戦する。そしてついに捕れれば，「やったー！」と大喜びだ。後に大人になってやってきた研究仕事も，この子ども時代の楽しみの延長だったように思える。

　さて，ここで述べるのはウナギのルーツの話だ。長い時間軸でウナギの進化について一緒に考えてみたい。なお，ウナギ属には20種近い種類がいる。その一つが日本で最もよく見る種のニホンウナギだ。この稿では，大きな誤解が生じそうにない限り，ニホンウナギを単にウナギと呼ぶことにする。

ルーツ探究の方法

　生物のルーツはどうやって探れるのだろうか。それを考えるには，生命理解の基本に立ち戻る必要がある。

　人間を含む生物の個体には終わりがある。しかし個体をつくる大元の細胞が持つ遺伝子DNAは，親から子へと（また子がなくてもコピーが親族を通じて）

40

過去から未来に直接つながっている。現在生きている生物個体を存在できるようにした遺伝子伝達経路は，過去に一度も途絶えたことがない。あなたの両親のどちらか，あるいは4人の祖父母の誰かひとりでも子どもをつくる前に亡くなっていたとしたら，あなたは存在していなかったことを考えれば分かるだろう。つまり，いま生きて存在するということは，あなたへの過去の生命のつながりがずっと続いていたと言えるわけだ。

　DNA伝達の過程で，それが持つ情報は少しずつ変化する。また，経路は枝分かれしていく。時間がたてば，それぞれの枝で異なった変化が蓄積していく。そのうち別の種類になっていく。もっと時間がたてば，さらに違ったものになっていくし，枝分かれ率と絶滅率がほどほどのバランスを保てば，存続する枝の数もほどほどとなる。いま地球上に多様な生物がいるのはこのためだ。

　以上の事実に基づけば，ルーツ探しは次のようにすればできるということになる。一つには，遺伝子伝達経路で受け渡されてきたDNAを詳細に分析して比較すれば，伝達経路の分岐関係（系統関係という）が推測できる。そして，推測された系統関係に基づいて現在の生物の形質（形態や生活環^{かん}など）を比較すれば，各祖先段階での形質にも迫れるということだ。このことについて，われわれヒトを例にもう少し述べてみよう。

ヒトと「魚」の関係

　ヒトを含む様々な脊椎動物（いろいろな魚類や両生類，爬虫類，鳥類，哺乳類）のDNAを分析して系統関係を探ると，面白いことがいろいろ見えてくる。その一つにヒトと魚の関係がある。たとえば，タイとサメとヒトの系統関係はどうなるかというと，タイとヒトが近縁で，サメはこれらと遠縁だという一見意外な結果となる。タイとヒトが分岐するより前に，タイとヒトの共通祖先がサメの祖先と分岐していたということである。タイとヒトの共通祖先の姿は，関係する今の生物や化石の姿から，魚型であったと考えられる。私たちは，こうした魚型の動物を「魚」と呼んでいる。

　タイもサメも魚であるとするなら，ヒトを含む全ての脊椎動物は系統的にはすべて魚なのである。これは現実感に合わないようだが，最近ではこの系

統関係の知見と矛盾しないようにするため，少し前まであった魚型の動物だけを集めた魚綱という分類群は使わないようになってきた。一例をあげれば，サメなどの軟骨魚綱とタイやウナギなどの硬骨魚綱が，絶滅してしまった古代魚たちのいくつかの綱とともに脊椎動物亜門を構成する。そして硬骨魚綱の中に肉鰭亜綱が置かれ，その中に四肢動物下綱が位置し，それに私たちヒトも含まれるという具合だ。だから厳密に言うと，私たちは硬骨魚類の一部ということになる。ただ日常生活では魚型の動物を「魚類」や「魚」と呼ぶと便利だ。本稿でもこの意味で魚という言葉を使う。

　このように，脊椎動物の系統関係を基にヒトの祖先を検討すると，水中生活をする魚の時代があったわけだ。私たちヒトの先祖は，広い海から浅海域や湿地で過ごす生活を経たあと陸に上がり，陸上のさまざまな環境を経験して現在に至っている。このように，私たちは海から陸地まで幅広い地球環境に育まれて進化し，今に至っていることを覚えておきたい。

ウナギのルーツを探ろうとするわけ

　ウナギのルーツを探る話に入ろう。脊椎動物には現在約7万の種が知られている。このうちのほぼ半数がおもに陸上で活動する四肢類（カエル，カメ，カラス，ヒトなど），残りの半数がおもに水中で活動するいわゆる魚で，それぞれ陸上生態系または海洋生態系・陸水生態系を構成する重要な動物だ。

　魚は水のあるところならどこにでもいるというくらい繁栄している動物だが，彼らにとって海水域と淡水域とでは非常に違った環境であり，どちらかにしか住めないという魚がほとんどだ。それぞれ海水魚，淡水魚と呼ばれる。しかし，中には一生の間に両環境を行き来する，つまり海と川（や池・湖など）の間を往復する「通し回遊魚」と呼ばれるものもいる。たとえばサケ類。川で生まれるが，数か月後には広大な海に出て，数年のあいだそこで大きく育ち，成熟してくると川に戻って産卵する。産卵のために河川をのぼるこのタイプの回遊を「遡河回遊」という。

　ウナギ類はサケ類と並んで代表的な通し回遊魚だ。陸地から遠く離れた海で生まれるが，半年ばかり時間をかけてはるばる川（や池・湖など）にやってきて，そこで10年ほどかけて成長する。そして成熟してくると再び海に戻り，

長旅の末に産卵場にたどりついて産卵する。海と川をめぐる通し回遊は何千キロメートルにも及ぶ壮大なものだ。産卵のために河川を下るこのタイプの回遊を「降河回遊」という。

　ところが，世界に約20種いるウナギ属魚類は全て通し回遊魚である一方，これ以外のウナギ目魚類（約800種）は全て海産魚なのだ。したがって，このような大規模な回遊がどのようにして進化してきたのかは大きな謎であり，ウナギのルーツ探究はロマンあふれる研究課題だ。

ウナギのルーツを探る

　私たちの研究チームは，この謎を解くために，ウナギ科ウナギ属魚類の全種を中心に，800余種が知られるウナギ目の全19科およびウナギ目に近縁とされる魚類，合計58種の DNA の配列データを得て，大規模な系統解析を行った。そのうえで，得られた系統樹上に現生種の成長期の生息場所を重ね合わせた。そして，それぞれの種や系統の共通祖先の生息場所が，浅海なのか，大陸棚・大陸棚斜面なのか，外洋の中・深層なのか，あるいは淡水域なのかを，専門的な手法（最尤法やベイズ法）を用いて系統樹上に再構成した[1]。

　分子系統解析の結果，これまでの研究から予想された通り，ウナギ科ウナギ属魚類の全種は完全に一つの系統的グループにまとまった（図1）。彼らの共通祖先も成長期を淡水域で過ごす種であったと推測された。では，それより少し古い先祖はどうだったのか。これを知るためには，ウナギ属に最も近縁な魚がどういうものかが決定的に重要である。

　驚いたことに，ウナギ類全体に最も近縁な魚は，外洋の中・深層（海底から離れた水深200〜3000m）に生息するノコバウナギやシギウナギの仲間だったのだ。さらにその次に近縁なのは，巨大な口をもつ深海に住むフウセンウナギやフクロウナギの仲間だった（これらの魚の姿は図1右側のイラスト参照）。

　当初，ウナギ類に最も近縁なのは，浅海に生息するアナゴ類，ハモ類，ウツボ類などではないかと想像していた。これらは形態もウナギ類に比較的似ているし，生息域が浅海だからもう一息で河口を経て淡水域に侵入したというストーリーも考えやすかったからだ。この想像は完全に外れた。

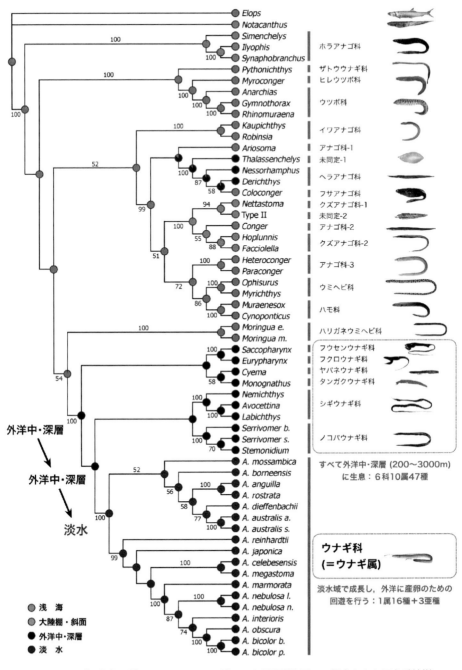

図1　ウナギ目魚類56種のミトコンドリアゲノム全長配列を用いて推定された最尤系統樹
数字は1000回試行に基づくブーツストラップ確率(%)で,各枝(分岐関係)の確からしさを示す.現生種の生息場所(浅海,大陸棚・斜面,外洋中・深層,淡水の四つの区分)に基づき,祖先の生息場所を最尤法を用いて再構成した(Inoueら〔2010〕を改変).

大回遊の起源：外洋中・深層から淡水域への果敢な進出

　私たちはさらに，祖先の生息場所（成長の場）を推定してみた（図1）。その結果，ウナギ目の祖先は全て浅海性の魚類だったことが明らかになった。そこからウナギ属と上記外洋中・深層性種からなるグループの共通祖先種が，成長の場を外洋中・深層に移した。その後，シギウナギノやコバウナギの共通祖先種を生み出すまで，彼らの祖先はこの環境にとどまった。この時期を経て，ウナギ属の祖先で外洋中・深層から淡水域へという成長の場所の劇的な変化が起こり，現在に至った。この推定の確からしさは確率で表すと99％以上という大変高いものだ。

　海の深い場所から浅い淡水域という成長の場の移動には，水圧や塩分の大きな変化など，克服しなければならない問題は山のようにある。それなのになぜ，ウナギ属の祖先はこのような成長の場のダイナミックな変換を遂げたのか。

　第一のポイントは，熱帯に近づくほど海より淡水域の方が栄養（餌）が豊富だという事実にある。低緯度地域にほとんどの種が分布するウナギ属は，熱帯で生じたとして間違いない。ウナギ属の共通祖先は，餌の乏しい熱帯の外洋中・深層を抜け出て，餌の豊かな熱帯の淡水域へと成長の場を移したと想像できる。

　実際，海と淡水域において利用可能な餌の量に逆向きの緯度勾配があるということが，低緯度から中緯度に分布するウナギ類が降河回遊魚であるのに対し，中緯度から高緯度域に分布するサケマス類が遡河回遊魚であるという事実をうまく説明する。さらに，ニホンウナギの種内にみられる回遊パターンの変異をもうまく説明する。すなわち，ウナギ類の分布域の北限に当たる温帯では，川にのぼらずに海にそのまま居残る「海ウナギ」の存在が広く見られるのだが，この現象も温帯域の海はウナギ類にとって利用できる餌が淡水域に劣らないレベルなのだと見れば理解できる。

　ウナギ属の淡水域への侵入を容易にしたもう一つの要因に，当時の淡水域に同じように生活するウナギ目の競合者がおらず，生態的地位が空いていたことが考えられる。また，大型魚類などウナギの強力な捕食者が少ない環境

であることも，定住を助けた可能性がある。

　本書の総論で望岡典隆さんが紹介しているように，ウナギ属の進化的起源が外洋中・深層であったことを示唆する状況証拠が近年得られつつある。ニホンウナギの産卵水深はかなり深い水深（220〜280m）であることが明らかになってきた。また，現地での魚卵の採集と分析から，ウナギ属に最も近縁であることが示唆されたシギウナギやノコバウナギが，ニホンウナギと同じ海域で産卵を行うこともわかってきている。

大回遊のさらなる拡大：外洋中・深層を産卵場所として使い続けるこだわり

　ウナギ類は，こうして成長の場を淡水域へ移したが，産卵するのは先祖伝来の熱帯域の外洋中・深層ということを守り続けている。外洋中・深層は栄養は少ないが外敵も少なく，安心して産卵できる場なのだろう。ウナギ類は，淡水域と外洋中・深層という二つの環境が大きく異なった特性を最大限に利用する形で進化してきたのだ。

　ただし，一生の間に相互に離れた二つの水域の間を行って戻らないといけない。熱帯種のウナギ類の回遊は小規模であるのに対し，温帯種のニホンウナギの回遊の規模は数千キロメートルに及ぶ大きなものだ。大西洋に進出した温帯種のアメリカウナギとヨーロッパウナギも同様に大規模な回遊をする。

　分子系統をもとにした分布域の比較から，ウナギ属の祖先種はインドネシア・ボルネオ島付近に起源したと考えられる[4]。産卵場も成長場所も熱帯の海と陸水域なので，この祖先種の回遊は小さい規模のものであっただろう。それを原型に，気候，海流，海進・海退などの環境変動の影響を受け，種分化（新しい種に分かれること）が起こり，回遊場所や規模に変異が生じたものと推測される。この中から，やがて高緯度域まで仔魚が輸送され，そこの淡水域に入って成長の場として利用する大回遊が温帯種のニホンウナギ（やアメリカウナギならびにヨーロッパウナギ）に出現し，大回遊が数千キロメートルという規模にまで拡大することとなった。

　まとめると，ウナギの大回遊は，産卵場所については"保守的に"安全な祖先状態を残しつつ，成長の場を"発展的に"栄養豊富な場所に求めるという，ダイナミックな進化の産物だったわけだ。

少し前まで私たちの周辺に普通にいた種が絶滅危惧種に

　環境省は2013年に，国際自然保護連合（IUCN）は2014年に，それぞれ絶滅の危険性が高まっているとして，ニホンウナギを絶滅危惧 IB 類（EN）に区分した。ニホンウナギだけでなく，ウナギ類の資源は世界規模で減少の一途を辿っており，現在，IUCN によりヨーロッパウナギは絶滅危惧 IA 類，アメリカウナギはニホンウナギと同じように絶滅危惧 IB 類に指定されている。

　これらの種は，それぞれの地域でごく最近まで私たちの周辺に普通にいた種である。こうした激減がなぜ起こっているのだろう。全地球的環境変化が関係している可能性も捨てられないが，日本でもヨーロッパやアメリカでも，人間がウナギ類の淡水域での生息域を狭め，また水系の繋がりを至る所で分断していることはまぎれもない事実だ。さらに餌生物となる甲殻類（昆虫と同じ節足動物）の農薬による減少や汚染の影響も大きそうだ。

　私は，かつて沖縄島のリュウキュウアユの絶滅を目撃した。人間の環境改変の影響はきわめて大きかったと思う。個々の生物体の命と同じで，一度消滅した種も自立性の高い地域集団も取り戻せないことを，私たちはしっかり理解しておきたい。

おわりに

　まわりの生物たちと共に生きるのでなければ，私たち人間の未来は幸せではないと思う。地球上のどの生物も，私たち人間と同じ共通祖先から40億年にわたって命を受け継いできたものたちなのだから，その賑わいを失っては人間の生は寂しいものになってしまう。これからの子どもたちにはウナギ捕りに夢中になるわくわく感，さらにはその謎を解くわくわく感を引き継いでもらいたいものだ。

第2章▶ウナギを探る

コラム4 東アジア全体での 資源管理・研究における協力

長野大学淡水生物学研究所 所長／教授 **箱山 洋**

　ニホンウナギは日本だけでなく，中国・台湾・韓国など東アジアの国・地域に
またがって分布している。様々な地域のウナギの遺伝的な近さを調べると，地域
ごとに分かれていることを示すような大きな違いはなく，東アジア沿岸全体の集
団は，大きな一つの集団である可能性が高いことが分かってきている。

　それぞれの地域の淡水・気水域で成長したウナギは，遠く2500km以上離れたグ
アム沖の海域まで回遊をして共通の場所で産卵を行う。どの地域で育っても，同
じ生れ故郷に戻る。生まれた幼生はレプトセファルスと呼ばれ，海流に乗って再
び東アジアの国・地域に機会的に再分配される。このような生活史を考えれば，
ニホンウナギが遺伝的によく混ざった単一集団であることが理解できる。

　「ニホンウナギは東アジアで一つの集団である」ことが意味することを考えて
みると，ウナギが減少するとすれば，東アジア全体で減少するということである。
また，特定の地域で乱獲や環境の悪化が起これば，その影響は東アジアの集団全
体に波及するだろう。さらには，特定の地域で保全を行うだけでは全体の保全に
は不十分とも言える。

　そう考えると，ニホンウナギの資源管理や保全を進めるうえでは，東アジア全
体で協力して取り組むことが必要だということが分かるだろう。

　漁獲量やCPUE（努力あたりの漁獲量）の減少傾向から判断して，ニホンウナギ
の個体数が著しく減少してきていることは間違いなさそうだ。根拠の妥当性はさ
らに検討されるべきだが，ニホンウナギはすでにIUCN（国際自然保護連合）など
から絶滅危惧種にも指定されている。ウナギ養殖の種苗は依然として天然のシラ
スウナギに依存しているが，その漁獲量は大きく減少してきており，資源の枯渇
が心配されている。ニホンウナギの養殖は日本だけでなく，中国，台湾，韓国で
も行われており，この4カ国・地域はウナギの生産，養殖水産業に共通の問題を
有している。また，ニホンウナギの減少から代替の東南アジアに生息する別種の
ウナギの養殖への需要も高まっており，ウナギ近縁種の保全も考えなければなら
ない事態に至っている。

　このような背景から，日本だけでなく，それぞれの国や地域において資源管理

48

コラム④ 東アジア全体での資源管理・研究における協力

や保全の努力が行われている。それぞれ個別に問題に取り組んでいるだけでなく，日本，中国，台湾，韓国の間では，ニホンウナギや近縁のウナギ類の資源管理や保全について検討する非公式協議が10年以上続けられている。例えば，各国・地域が養殖池に入れるシラスウナギの量の上限はこの非公式協議での合意事項であり，それぞれの国・地域が協力して資源管理を行おうとしているのである。最近の大きな取り組みとして，中国では長江の10年間の禁漁措置が取られ始めている。

　ウナギの非公式協議の下部機関としては，研究者が中心となって行うウナギ科学者会合があり，生活史が比較的よく似たアメリカウナギやヨーロッパウナギの研究者の招待講演や，メンバーの研究成果の発表，情報交換，資源管理・保全に関する議論が行われている。2023年には第2回の会合が長野県上田市で行われ，2024年には第3回の会合が東京で行われたところであり，私が日本団の代表を務めてきた。また，ウナギ科学者会合の下部組織であるウナギ・タスクチームにおいて，ニホンウナギの長期漁業時系列データの収集・整理，環境 DNA および環境調査の検討（タスクチーム1：チームリーダー Leanne Faulks），衛星タグによるウナギ類の産卵回遊の追跡技術に関する情報交換，分析・評価（タスクチーム2：チームリーダー 箱山 洋）をテーマとして，情報交換や連携の模索が始まっている。タスクチームには，日本，中国，台湾，韓国だけでなく，タイ，フィリピン，インドネシア，オーストラリア，フィジーの研究者も加わっている。これらの組織からの成果は行政が行う非公式協議にフィードバックされる。

　このように，資源の枯渇が懸念されるニホンウナギの問題に国際的な連携が少しずつ進められているところである。

第 2 章 ▶ ウナギを探る

バイオテレメトリーが明かすウナギの生態

京都大学農学研究科，同フィールド科学教育研究センター　教授　三田村啓理

はじめに

　ニホンウナギは，成育場である河川や沿岸域において数年から十数年間を過ごす。生まれてから繁殖を経て死亡するまでの多くの期間を河川や沿岸域で過ごすのだ。しかしながら，大事な場所である河川や沿岸域でのウナギの移動や行動については，それほどよくわかっていない。ウナギが，いつ，どこにいるのか，そしてどのような時に移動するのか，つまりウナギの生活習慣がわかれば，生息地の修復や保全につながる。本稿では，最先端の技術であるバイオテレメトリーを使用して明らかになったウナギの生活習慣を紹介する。

バイオテレメトリー

　超音波を発信する発信機を用いることで，動物 1 匹ずつの位置（どこにいるのか），そして行動（何をしているのか，何を食べているのか，どのくらいの深さを泳いでいるのか，など）や生理状態（心拍数はいくつか，など）などを遠隔的に測定する方法である。昨今は，捕食者に食べられたなどの情報も得られる優れものだ。

　この超音波発信機を外科手術で魚のお腹の中につける。魚に麻酔をかけたあとに，メスでお腹をあけて，発信機をお腹の中にいれる。その後，糸と針を使って縫合するのだ。メスでお腹をあけてから縫合するまでには 1 分もかからない。麻酔から目覚めた魚は，何事もなかったかのように泳ぎ始めるのだ。発信機をつけても死ぬことはないし，発信機をつけていない個体と比べてもおかしな行動は見られない。

　魚を川や沿岸域に放流したあとは，超音波発信機から出される信号を受信機で受信する。受信する方法は主に二つある。一つはボートなどを使用して探索，追跡する方法だ。魚がどこへ行こうとも，移動にあわせてボートで追

いかけ続けられる。24時間365日，魚を追い続けることは可能だが，残念ながらボートに乗っている人の体力がもたない。もう一つは，あらかじめ受信機を河床や海底に設置して，魚がやってくるのを待ち受ける方法である。魚が受信機の近く（500m程度）に居れば，魚の存在ならびに行動が把握できる。ボートでの追跡ほど体力は必要としないが，受信機から遠く離れたところに魚が移動すると，待てど暮らせど測定できない。これらの受信方法を駆使すると，魚が，いつ，どこで，何をしているのか，などが手にとるようにわかるのだ。

野生のウナギ

まずは野生のウナギが川や沿岸域で，どのような移動や行動をしているのかを調べることから始めた。実験を行なった場所は，福島県の東北部にある，海の水（海水）と川の水（淡水）が入り混じった湖（汽水湖）の松川浦だ。表面積6.5km²，平均水深1.2m，最大でも水深5mの広くて浅い松川浦は，四つの大きな河川から淡水が流れ込む。そして海とは一つの狭い水路でつながっている。シラスウナギが松川浦や河川に入ってくるためにはこの狭い水路を通るし，大人になって銀化したウナギが産卵のために海に出るためにもこの水路を通る。川，汽水湖そして海を行き交うウナギの移動や行動を把握するには，松川浦はこれ以上ないほど適した水域なのだ。

この松川浦において，石倉カゴ（図1a）やウナギ筒により，野生のウナギ20匹を捕まえた。そのうち1匹のウナギは，繁殖のために川から海へ降りられる体（銀化）になっていた。全長（平均）は521mm，体重（平均）は218gと大きなウナギたちだ。この20匹のうち15匹には，個体を識別できるID情報を発信する超音波発信機をつけた（図1b）。残りの5匹には，ID情報とともに活動度の指標となる加速度を測定・発信する加速度超音波発信機をつけた。そして発信機をつけたウナギ20匹を，捕獲した場所付近で放流した。その後は，松川浦に18台，四つの河川に各2

図1a）梅川河口に置いた石倉

第2章▶ウナギを探る

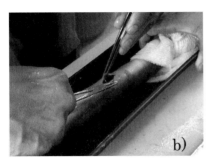

図1b）ニホンウナギに超音波発信機をつける様子

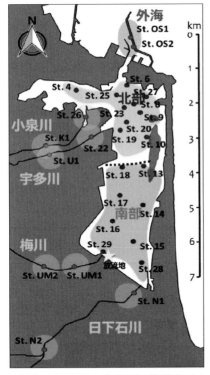

図2　福島県の東北部に位置する松川浦（汽水湖）

松川浦，流れ込む四つの河川，そして海と接続する水路に合計28台の受信機を置いた。黒丸：受信機の位置。

台の計8台，海と松川浦を接続する狭い水路に2台，総計28台の超音波受信機を設置して，ウナギの移動や行動を約1年半にわたり調査した（図2）。

9月に放流した20匹のウナギのうち11匹（55%）は，放流から半年たった春でも松川浦や河川に設置した受信機で受信された。なかには発信機の電池がなくなる頃（放流から1年半後）まで受信されるウナギもいた。銀化していた1個体は，放流から約2か月後の11月，水温が12.4℃，かつ夜間に松川浦から海に移動した（図3）。しかも，潮の流れに乗ると移動するのが楽であろう引き潮の時に海に出たのだ。これは，野生のニホンウナギが河川から海へ出たことを示す，世界で初めての結果となった。他のウナギ（オーストラリアウナギ）でも海への移動が観察されているが，ニホンウナギのように水温が低くなったことだけでなく，月齢に影響を受けていることが報告されている。

さて，厳寒の冬をウナギたちはどこで過ごしたのだろうか。多くのウナギが松川浦の南側で冬を過ごしたことがわかった。一般的に冬は，河川の方が海よりも水温が低い。つまり，松川浦の北側は海とつながっており，そして南側は河川から水が流れ込んでいることから，冬は南部の方が水温は低い。

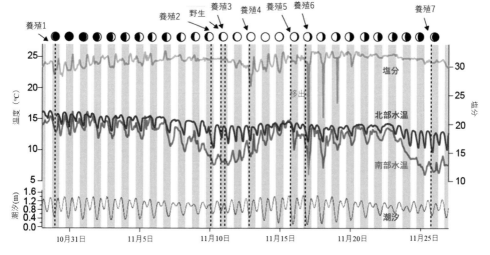

図3　放流から約2か月におけるウナギの松川浦から海への移動時期

移動した日時（野生1匹，養殖7匹）を破線で示した。縦の白色と灰色の範囲は，昼と夜を示している。上段には月の形を載せた。論文（Noda et al. 2020）の図を改変。

ウナギにとっては，15℃よりも低い水温となる松川浦の南側は，冬を過ごすには少し厳しい環境のようだ。ウナギはなぜ厳しい環境を選んだのだろうか。寒く冷たい冬，ウナギは泥の中に穴を掘って，その中でじっと動かずに過ごすことが知られている。松川浦の南部は北部よりも泥場が多いと言われていることから，冬を越す場所としては南部の方が好ましいのかもしれない。

観察したウナギのなかには，毎日，品行方正な行動を示すものもいた（図4a）。夜行性のウナギは，日が暮れ始める夕刻に家からゆっくりと出てきて，餌場に向かう。餌場では，エビやカニ，そして小魚などの餌をたくさん食べて，お腹がいっぱいになった深夜から未明に家に帰るのだ。松川浦に流れ込む梅川の河口に置いた受信機で昼間は受信され，そして夜間には梅川の少し上流に置いた受信機で受信される，きれいな日周の移動パターンが

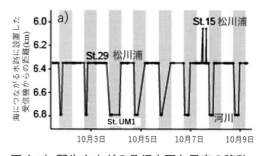

図4 a）野生ウナギの品行方正な昼夜の移動

松川浦（梅川河口）と梅川を毎日規則正しく往復している。縦の白色と灰色の範囲は，昼と夜を示す。論文（Noda et al. 2020）の図を改変。

記録されたのだ。おそらくこのウナギにとって梅川には，毎日訪れたくなるような豊富に餌がある場所があったのだろう。

また，加速度超音波発信機をつけたウナギからは，昼間よりも夜間に加速度の値が高いことがわかった（図4b）。この結果から，ウナギはやはり夜行性で，暗い時間帯に餌を食べていることが想像できる。

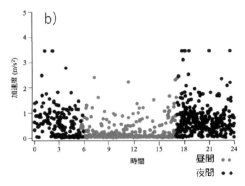

図4 b）加速度超音波発信機から得た野生ウナギの昼夜の活動度

夜間は昼間よりも活動的である。加速度は活動度の指標となる。論文（Noda et al. 2020）の図を改変。

養殖ウナギ

近年，ニホンウナギの数は減っており，残念ながら絶滅が危惧されている。ウナギが絶滅しないように，捕まえる数を制限する，ウナギが生息する環境を保全するなどの取り組みがなされている。これらの取り組みに加えて，日本の多くの河川では，養殖ウナギ（捕まえたシラスウナギを高水温で飼育して大きく成長させたウナギ）を放流して，その河川のウナギの数を増やす，さらにはウナギそのものの数を増やす努力がなされている。しかし残念なことだが，放流した養殖ウナギが，いつ，どこにいるのか，また生き残っているのかは，よくわかっていなかった。放流後の養殖ウナギの行く末を把握するために，我々は野生のウナギを追いかけた時に養殖ウナギ12匹にも発信機をつけて同時に放流した。この養殖ウナギは養殖ウナギ屋から買い取ったウナギで，全長（平均）が579mm，体重（平均）は345gと，野生のウナギとおおよそ同じ大きさだった。

9月に放流した12匹の養殖ウナギは，同じ年の12月になるまでにすべての受信機で受信されなくなった。12匹のうち7匹は，12月までに松川浦から海へ移動した。放流から12月までは水温が低下していく時期であり，7匹が海へ出た時の水温は平均13.5℃だった。また，満月または新月の前後数日以内の夜間に，そして引き潮の時に，松川浦よりも暖かいであろう海へ移動していることがわかった。しかし，海に出たからといって，沿岸域で生き残っているのか，さら

には遠い南の海での繁殖に貢献しているかは謎に包まれたままである。

　厳寒の冬，野生のウナギと異なり，海に出ていかなかった残りの養殖ウナギは行方知れずとなった。養殖ウナギは27〜30℃もの高水温かつ豊富に餌がある環境で飼育されて，1〜2年程度の短い期間で急に大きくなったウナギである。この飼育環境は，昼夜や季節の温度差があり，かつ簡単には餌を食べることができないであろう自然の環境とは大きく異なる。養殖ウナギは突然松川浦に放流されても戸惑い，もしかすると餌を食べられなかったのかもしれない。また，過保護に育てられた養殖ウナギは，鳥などの捕食者がいても逃げることも隠れることもせずに，簡単に食べられてしまったのかもしれない。

まとめ

　野生のウナギは，自然のなかで何年もかけて大きく成長する。昼夜や季節の温度変化を何回も経験して，餌をとる術も身につけている。さらには捕食者からも上手に逃げられるであろう。このような百戦錬磨にして経験豊富なウナギだけが生き残り，成長しているとも考えられる。今回の我々の研究では，養殖ウナギが自然の環境において長きにわたり生き残り，そして成長することは示せなかった。今後，野生ウナギの漁獲の制限，生息環境の保全とともに，養殖ウナギの放流はウナギの数を増やす切り札になるかもしれない。そのためにも，野外に放流した養殖ウナギを生き残らせる技術の確立が重要ではないだろうか。例えば，いつ，どのくらいの大きさのウナギを，どのような場所に放流するのが適切かなど，基礎的な情報を把握する必要があろう。

　昨今は人間活動に利するために河岸や河床がコンクリートで固められることが多い。礫と礫の隙間や砂泥の中など，ウナギが隠れられる場所が極端に減少している。また，ウナギの餌となるエビやカニ，小魚なども，コンクリートで囲まれた河川では少なくなる。さらには川，湖，海の間の移動を妨げる人工の構造物，例えば堰やダムなどがあると，どんなに熟練かつ巧者のウナギでも移動には苦労するであろう。川，湖，海の間を巧みに移動するウナギのことを考えつつ，ウナギが成長できる環境を作り出し，守る必要があるのではないだろうか。皆が沈思熟考かつ実践躬行すれば，近い未来，きっとどこかの川，湖，海でもニホンウナギに出会えるようになるだろう。心から期待している。

コラム5 外敵に食べられてもなんのその
■■するりと逃げる裏技■■

長崎大学大学院水産・環境科学総合研究科 博士課程　長谷川悠波
長崎大学大学院水産・環境科学総合研究科 准教授　河端雄毅

ニホンウナギとその捕食回避研究について

　「捕食回避」とは，厳しい自然界を生き抜くうえで不可欠な，天敵から身を守るための様々な戦略や行動のことである。

　ウナギは，私たち日本人にとって古くから親しまれてきた重要な水産資源だ。しかし現在，ウナギの個体数は著しく減少しており，環境省やIUCN（国際自然保護連合）によって絶滅危惧種に指定されている。そのため，ウナギの個体数に大きく影響を与える要素については，回遊や漁獲，生息環境など，幅広い側面から様々な研究がなされてきた[1]。しかし，生物の個体数を直接的に決定づける要因であるにもかかわらず，ウナギの捕食回避についての研究例は驚くほど少なく，多くは謎のまま残されていた。

　そこで私たちは，サイズが小さく遊泳力も低いため，天敵に襲われるリスクが高いと考えられる稚魚期のウナギを，水槽内で実際に肉食の魚類（丸呑み型捕食者，ハゼ類の一種ドンコ）と対峙させ，その捕食回避行動を観察する実験を行った。

ニホンウナギの脱出行動の発見

　私たちは当初，ウナギはその細長い姿かたちを巧みに利用して天敵からの攻撃を回避しているのではないかと考え，実験に着手した。しかし実際に実験を行ってみると，私たちが全く想定していなかった非常に面白い捕食回避行動が観察された。

　実験水槽内にウナギ稚魚とその天敵となるドンコを1個体ずつ入れ観察をしていると，中にはドンコに食べられてしまう個体もいた。ウナギがドンコに食べられた後，次の実験の準備をしようと思い，水槽を覗いてみると，ドンコに食べられたはずのウナギが水槽内を泳いでいるのを目撃した。不思議に思い，食べられた後も注意深く観察を続けたところ，なんとドンコに食べられたウナギがそのエラの隙間からニョロニョロと脱出しようとしているのを発見した。

　私はとっさに手元にあったiPhoneで撮影を行った（図1）。ウナギは体全体を徐々にドンコのエラの隙間から脱出させ，ついには完全に抜け出すことに成功し，

コラム⑤ 外敵に食べられてもなんのその

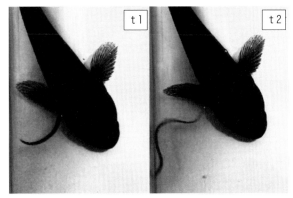

t1：エラの隙間から尾部を出し，徐々に体全体を脱出させる。

t2：最後に頭部をエラの隙間から抜くことで脱出を完了させ，泳いで逃避する。

図1　捕食者（ドンコ）と，そのエラの隙間から脱出するニホンウナギ稚魚の様子

水槽内を元気に泳ぎだした。
　私たちはこの行動に衝撃を受けるとともに，身近な生物だと思っていたウナギに隠された能力がある可能性を感じた。そして，この行動に焦点を当てて，さらに詳しく実験を行うことにした。

明らかになった脱出行動の詳細

　実験の結果，ドンコに食べられたウナギのうち，なんと51.9％（28／54個体）が130秒以内にそのエラの隙間を通って脱出することが分かった。また，どの方向から食べられても，全ての個体が尻尾方向から脱出するという特徴も明らかになった。ほとんどの個体が脱出後も生存可能なことから，エラの隙間からの脱出行動は，効果的な捕食回避として機能することが示された。
　このような天敵に食べられた後の捕食回避戦術，特に自ら進んで天敵の体内から脱出する行動は非常に珍しく，魚類を含む脊椎動物では初めての発見となった。この行動には，ウナギの仲間が得意とする後方への遊泳や，ぬるぬるとした細長い姿かたちが重要であると考えられる。
　しかし，どの要素が実際に脱出行動と深く関係しているのかなど，全くの未知であったこの行動についての情報は未だ乏しいのが現状である。そのため，今後はさらに実験を続け，脱出行動のより詳しい情報を明らかにするとともに，謎の多い魚類であるウナギの隠された能力を解明し，世界中に発信し続けたいと考えている。

第 2 章 ▶ ウナギを探る

環境DNAでウナギの分布を解き明かす

北海道大学水産科学研究院 教授 **笠井亮秀**

ウナギはどこにいる?

　読者のみなさんは,ウナギを好きだろうか?　好きといってもいろいろな好きがあるだろう。日本人は,ウナギを食べるのが好きな人が多い。ふっくらと焼かれたウナギに甘いタレがかかった蒲焼は絶品である。晴れの日やお祝いの時のごちそうとして,昔からよく食べられている。一方で,あの独特な風貌が好きという人もいるかもしれない。細長くてクネクネしており,いわゆる普通の魚とはちょっと違う形をしている。ヌルヌルしている点もウナギの特徴だ。捕まえようとしても,なかなか素手では捕まえられない。ぬめりの正体は,ムチンという粘液だそうだ。このぬめりが不透膜の役割を果たし,浸透圧の影響を最小限に抑えられるので,ウナギは海から川や湖まで幅広い塩分帯の環境で生きていくことができると考えられている。

　日本ではニホンウナギ,オオウナギ,ニューギニアウナギ,そしてウグマウナギの4種類のウナギの生息が確認されているが,これらのうち食用となっているのはほとんどがニホンウナギである。そのニホンウナギ,現在ではあまり獲れなくなってしまった。そのため,2013年に環境省はニホンウナギを絶滅危惧種IB類に指定した。その翌年には,国際自然保護連合 (IUCN) もニホンウナギを絶滅危惧種EN (Endangered) 類として登録した。なんとこれはトキと同じレベルで,ライオンより危機にあるという扱いである!こんなに貴重なニホンウナギ(以下,ウナギという)を今後も美味しく食べ続けるためには,これ以上減らさないように適切に管理しなければならない。

　ウナギはまだ完全養殖のシステムが完成していないので,その資源を管理するというのは,天然のウナギを大切にすることに他ならない。しかし実はこれまで,ウナギが日本のどこに,どれくらい生息しているのかすらよくわかっていなかった。それは,ウナギは細長い体形を活かして,日中は岩陰に

隠れたり砂の中に潜っていたりするので，捕まえたり見つけたりすることが難しいからである（図1）。また，川や湖から河口域，そして沿岸域にいたるさまざまな環境に生息しているため，統一した手法で生息量を調べることが難しい，という問題もある。これでは，管理しようにも手の打ちようがない。

そこで新たな手法として登場したのが「環境 DNA」分析で

図1　岩陰に隠れているウナギ
伊佐津川にて益田玲爾氏撮影。自然の河川でウナギを見つけたり，捕まえたりするのは難しい。

ある。環境 DNA は，生態学や生物多様性の分野で，従来の手法にとって代わる新しい調査方法として，近年注目されている。

環境 DNA とは

水や土，空気中などさまざまな環境には，生物の DNA が含まれている。これを環境 DNA と呼ぶ。すべての生物は遺伝子として DNA を持っている。目に見えないバクテリアのような微生物はその生物自身が環境中に存在しているため，当然その DNA も環境中に含まれている。環境 DNA 分析は，もともとはそのような微生物を分析する手段として開発された技術である。ひと昔前までは，微生物を研究する際には，培養して増やしてから分析するという手法がとられていた。それが1990年代になって，環境中の微生物の DNA を直接調べることができる分子生物学的な技術が発達した。この手法により微生物の研究は飛躍的に発展し，さまざまな環境中に多様な微生物が存在し，それぞれの生態系で重要な役割を果たしていることが分かってきた。

一方，水中には，魚のように目に見えるくらい大きな生物もいる。そのような生物が体外に糞などの排泄物や分泌物として放出した DNA も，水中に存在している。2008年にフランスの科学者が，そのような生体外の微量な DNA でも，現在の技術をもってすれば検出可能であることを発見した[1]。彼

らは外来ウシガエルの分布を調査している際に，池から汲んだわずかな量の水からウシガエルのDNAを見つけたのである。この発見以来，さまざまな生物の研究に，環境DNAが用いられるようになった。

　DNAの配列には生物種ごとに特徴があるので，環境DNAを分析することで，ある環境中の生物群集に関する情報を多角的に得ることができる。例えば，魚類のDNAをまとめて増幅できるマルチプライマーを用いれば，ある水域にどのような魚がいるのか，そして何種類くらいの魚がいるのかという多様性を調べることができる。また，魚がたくさんいれば水中に放出される環境DNAの量も多いだろうから，環境DNAの濃度から魚のおおまかな量を推定することもできる。

　また，環境DNAは，現場では水を採るだけで生物を捕獲したり傷つけたりせずにすむので，生態系にフレンドリーな手法といえる。特に絶滅の危機に瀕した生物やその地域の固有種などは，いくら研究のためとはいえ，なるべく獲りたくはない。また，そもそも生物の捕獲調査が難しい海洋保護区などでも，水さえ採れればそこに生息している生物の目星を付けることができる。そしてこの環境DNA手法は，現地での作業が採水やろ過といった比較的単純な手順のみですむため，特殊な技能を必要としない。つまり，一般市民でも行うことのできる調査である。これは環境DNAが持つもう一つのメリットで，生き物の分布調査に一般市民が参加できることを意味している。近い将来，一般市民の手によって全国津々浦々の生物相が分かるようになるかもしれない。

ウナギの分布調査

　私たちはこの環境DNA手法を使って，北海道から沖縄に至る全国265の河川，合計365地点で調査を行った[2]。現場で行ったことは，水温や塩分の測定，堰の有無の確認，そして河川から水を数百ミリリットル採って，その水をフィルターでろ過しただけ（図2）。従来の手法に比べるとずいぶん簡単なので，一日のうちに多くの地点で調査ができた。潜ってウナギを探したり，竹筒や釣りで捕まえたりするこれまでの手法を使っていたら，短期間のうちにこれだけ多くの地点での調査はできなかったに違いない。

河川水をろ過したフィルターは大学に持ち帰り，まずフィルター上に捕集されているDNAを抽出した。そして，ニホンウナギだけに反応するプライマーを使ってDNAを増幅させ，定量PCRによって環境DNAの濃度を調べた。その結果，ウナギの環境DNAは，東北地方より南の太平洋側から多く検出された（図3）。つまり，それらの地域の河川にはウナギが比較的多く生息していると推測される。

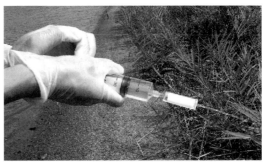

図2　採水した河川水をろ過している様子
注射筒の先についている白い物が，フィルターの入ったカートリッジ。

地域ごとに詳しくみると，瀬戸内海や九州西岸の河川でも，多くの河川で高濃度の環境DNAが確認された。一方，日本海側は，能登半島以西では低濃度の検出が見られたが，能登半島以北ではほとんど検出されなかった。東北地方では，三陸以南の太平洋側で検出されたが，津軽海峡や日本海側では全く検出されていない。また，北海道の河川からもほとんど検出されなかった。これらの結果から，ウナギの分布の北限は，太平洋側では三陸付近，日本海側では能登半島付近と推定される。

ウナギの分布を決めるもの

では，なぜこのような分布になるのだろうか？　ウナギは日本からはるか離れたマリアナ海溝あたりで産卵する。生まれた卵やレプトセファルスと呼ばれる仔魚は自分で泳ぐ力が弱いので，海流によって運ばれながら，東アジアの国々までやってくる。日本の近海では，南から暖かな黒潮が流れてきて，房総半島付近で日本を離れて東進している。ウナギの仔魚もその黒潮に乗って日本の近くまで運ばれてきて，九州や西日本から東北南部までの太平洋沿岸に到達する可能性が高い。日本近海の流れを再現し，ウナギの仔魚がどのように運ばれるかをシミュレーションで調べた結果からも，そのような状況が確認されている[3]。つまり，ウナギの仔魚がまだ海にいる段階で，海流によっ

第 2 章 ▶ ウナギを探る

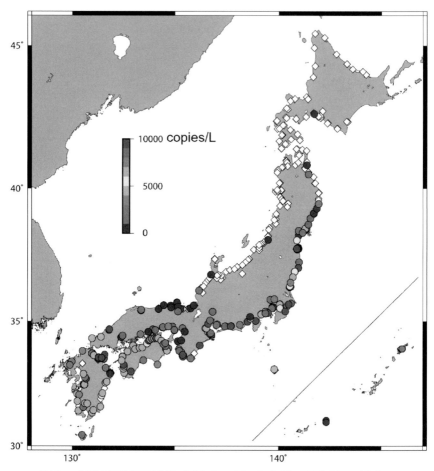

図3　全国の河川下流域におけるニホンウナギの環境DNA濃度
（河川水中のDNA断片の数）

てどこに運ばれていくかにより，ウナギの大まかな分布が決まるといえる。
　その一方で，堰の上流側と下流側で環境DNAの濃度を比べると，下流側の方が高濃度で検出されることが多かった。これは，下流側では上流から流れてくるDNAとそこに生息するウナギが放出するDNAが合わさったために高濃度となっている可能性がある。しかし，堰の上流側では環境DNAが検出されないケースもあったことから，本質的には下流側でウナギが多く生

息し，上流側では少ないことを反映していると考えられる。実際の分布や生態情報に基づき，堰がウナギの遡上を妨げているという研究例も多い。河川に設置された堰は，土砂の流出を防ぎ，塩水の遡上を食い止めるなど，治水や防災上の役割がある。しかしウナギをはじめとする回遊魚にとっては，その行動や移動を制限する要因となっている。

　また，多くの河川で環境DNAが検出された西日本の太平洋側や瀬戸内海の河川でも，中には環境DNAが検出されない地点もあった。その多くは，コンクリートで護岸されたような人工的な河川である。ウナギは昼間は穴や物陰に隠れるという習性があるが，コンクリートで覆われた河川では隠れる場所もなく，ウナギも居づらいに違いない。これらの人工的な河川環境の改変が多くの生物に悪影響を与えていることは昔から指摘されていることではあるが，今回の環境DNA調査でもそれが裏付けられたと言える。

　しかし，明るい兆しも見えている。私たちはさまざまな環境パラメータと環境DNAを比較することで，どのような河川がウナギにとって好適なのかを調べてみた。その結果，ウナギの環境DNA濃度が高かった河川は，全窒素濃度も高い傾向にあった。全窒素濃度とは，水中に含まれる全ての形態の窒素の濃度を足し合わせたものであり，水質の良し悪しの判断に用いられている。高度経済成長期に日本の水環境が著しく悪化したことに基づき，かつては全窒素濃度が高い川は汚れた川とみなされていた。しかし下水処理技術の発達や，環境に対するさまざまな配慮が行われてきたおかげで，日本の河川は見違えるほどきれいになった。そのため現在の全窒素濃度が高い河川というのは，一昔前のように汚れた河川ではなく，むしろ生物生産性が高く豊かな川ととらえた方がよい。つまり，最近の日本では水環境が改善され，高栄養環境にある豊かな河川ほどウナギが多く生息するようになったと考えてよいだろう。

第2章 ▶ウナギを探る

コラム6 環境DNAによるニホンウナギの モニタリングと自然再生
▪▪未来の干潟の再生を担う若人の皆様へ▪▪

国立環境研究所 主幹研究員 **亀山 哲**

　最初にニホンウナギの生息地調査における環境DNAの利点を説明します。その理由を一言で言えば，たも網や刺し網などを使った既存の調査方法ではニホンウナギの「在（＝いる）または不在（＝いない）」を判断することの難しさがあげられます。

　逆にその一方，調査地の水から生物の環境DNAを分析する方法には以下の利点があります。一般的に生物調査は昼間に行われるので，その時間に活動していない生物（ニホンウナギなどの夜行性の生物）を捕獲することはニホンウナギに限らず難しいのです。また，河口のように広い場所で水生生物を網羅的に調べることには大きな労力が必要です。

　最大の理由は，環境DNAの分析は非常に精度が高い点です。近縁種のオオウナギのようにクロコ（ウナギの幼魚）時代に見分けにくい種類でも，DNAレベルで同定すればまず間違うことはありません。このような理由から，私たちはニホンウナギの生息地の調査に，環境DNAを有効活用しています。

　次に自然再生の話をしましょう。これは，未来の自然再生を担う皆さんへの「手紙」です。少し"説法"的になってしまいますが，許してください。

　一般的に自然再生の現場では，「理想」と「現実」とのギャップが大きいのが特徴です。その理由の一つは，「理想を語るのは比較的容易で，多くの人が個別に情報を発信するけれども，現実的に完成した状況はたった一つで，さらにその状態が時間経過とともに変化する」ことだと思います。「こんなはずじゃなかった!!」と多くの人が感じてしまう理由はここにあります。

　しかし，その複雑で厄介な状況を悲観的に捉える必要はありません。その「複雑さ」こそ，その場所の地域住民が自由に意見を述べ合うことができ，成熟した議論ができている証拠だからです。どんな環境問題だって，特定の独裁者が「〇〇年後に〇〇を実行する。反対したら処罰は〇〇だ」って独断で決めてしまえば，解決は楽ではありませんか。

　ここでは私が日頃大事だと思っている点を三つにまとめてお伝えします。

　まず一つ目は，「観察眼を持て。気付いたら理解し記憶し応用せよ」です。観察

コラム⑥ 環境DNAによるニホンウナギのモニタリングと自然再生

諫早湾の流入河川で環境 DNA の採取を行う宮本元輝氏。(2023年12月5日，諫早市高来町境川にて，亀山哲撮影)

眼とは自然環境，特にその季節的・時間的な変化を見抜くことであり，本能とか感性に近いものでしょう。自然環境を元に戻すには，その場所の本来の状況を理解し，その知識を他の人々と共有できないことには話が進みません。

「4月の中旬には，西讃（香川県の西部）の海沿いで山桜が咲き始め，そろそろ荘内半島の西側の磯にクロダイが入ってくる。燕が飛び始めたら苗代に香川用水からの水を待ちながら，畑にすぐピーマンの種を蒔くぞ……」といった感覚です（私の小学生の頃の記憶です）。

皆さんが想像する以上に，このような生態学的な経験とあなた自身の感受性は重要で，それに敏感な人は確実に人生を豊かにしてくれます。環境 DNA は生物の在／不在を知る上で最高レベルの効率の良い方法です。しかし，調査前の「アタリをつける」段階や，その分析結果の議論の場では，現地の自然の観察眼と，状況を分析する感度が必須になることを覚えておいてください。

二つ目は，「小さく始めよ。個々の活動は変曲点で十分！」です。一般的に未来を変えるには，強い権限や裁量権を持つことが早道だと考えられがちです。しかし私は，安易に有名な組織や団体に所属して，いきなり大きな変革を目指すことは要注意だと考えています。大きな集団ほど，その組織の思想やリーダーの影響が強く，新人はその影響を素直に受け継いでしまうからです。環境分野ではおそらく日本最大の研究機関に所属して二十数年の私の経験から，そう感じています。

大きな目標こそ，達成するにはそれなりの準備と時間が必要です。若い皆さんは小さな行動に数多く取り組み，柔軟な発想をより多く生み出せるよう，個人の

第2章▶ウナギを探る

長崎県諫早市の本明川で水生生物調査を行う諫早高校・付属中学校の学生たち（2024年6月15日，アエル通り上流側にて）

能力を高めておいてください。皆さんの仲間を増やすチャンスにもつながると思います。時代の方向を変えようとする時，一人一人の位置付けは極めて小さな変曲点でも構いません。未来の最終的な方向性（皆さんが変え得る角度）は，ある一定時間内での変曲点の数で決まると思います。それを忘れないでください。

　最後の三つ目は，「意見はリアルに発信せよ。ぶつかれば仲間は出来る！」です。自分のものとなった知識や理解は，ぜひ他人と語り合い共有してほしいと思います。最近の若者は人と議論したり，相手と話が噛み合わないことを極端に怖がる傾向があるように見受けられます。コミュニケーションは顔と顔を突き合わせるのが一番。その発信は，間違っていたっていいんです。自分の意見を発信すれば，その内容に興味を持ってくれた相手は，共感したり，または間違いを指摘してくれます。相手と自分との価値観が混在する中でこそ相乗効果が生まれるのです。その複雑な状況は，「厄介なこと」でもあるのですが，確実に未来を拓く力となります。

　心配しなくても大丈夫！　皆さんの前には，数々の難題が向こうからやってきます。是非とも若いうちに，複雑で，厄介で，頭を抱える課題に，仲間と共に取り組んでもらいたいと思います。

　人生の少しだけ先輩である私たちは，若人から届けられる厄介で複雑な状況報告が実は大好きです。時々，皆さんからすれば屁理屈みたいに感じる答えを返すかもしれません。でも本心ではいつでも応援し続けています。それを忘れないでください。

第 3 章
ウナギと文化

第3章▶ウナギと文化

有明海のウナギ漁

肥前環境民俗写真研究所 代表 **中 尾 勘 悟**

ウナギ漁いろいろ

　有明海は日本では最大の干満差と，周囲の火山からもたらされる大量の微
細な鉱物粒子の流入で広大な干潟が広がる，汽水と干潟の海として稀有な存
在である。沿岸域には泥干潟ならではの，そして速い潮流ゆえの，独特の漁
法が発達してきた。人とウナギの知恵比べの一端を紹介する（詳しくは，中尾
勘悟・久保正敏『有明海のニホンウナギは語る――食と生態系の未来』〔河出書房新
社，2023年〕を見て欲しい）。

■ウナギ釣り

　3月下旬，ヨシが芽吹き始めるとウナギが川を上り始める。そのころにな
ると河口の感潮域に釣り人が現れ，河川敷のヨシを刈って板などを敷いて釣
り場を設け，竿を出し始める。たいてい数本の竿を出し，餌はサザレかゴカ
イであるが，梅雨が近づくとミミズに替える。場所によってはカニを使うこ
ともある。10年前からすると釣り人の数が半減しているように感じる。

○**置き釣り針**（浸け釣りともいう）

　　数メートルのテグスか紐の先に釣り針を付け，30cm前後の竹か木の棒に
巻き付けた仕掛けを10本から数十本用意しておき，夕方に川の感潮域や掘
割に行って，針に餌をつけて放り込み，棒を岸に立て，数時間後あるいは
翌朝早く引き揚げて結果をたしかめる漁法。餌になるドジョウやタニシな
どが手に入りやすかったころは，各地で盛んに行われていた。

○**差し釣り針**（穴釣り）

　　1m前後の紐の先に釣り針を付け，餌にはミミズなどを使って，それを
細い竹の棒の先端に引っ掛け，隠れていそうな穴に差し込んで誘い出し，
釣り上げる漁法。このやり方も川岸や海岸が石垣であったころは盛んに行
われていたが，河川改修などで岸がコンクリート護岸に変わって隠れる隙

間や穴がなくなり，近年はほとんど見かけなくなった。

■ウナギ掻き（船から掻く"船掻き"と，川や澪筋に入って掻く"入り掻き"がある）

　船掻きは，船で河口の感潮域や干潟の澪筋に入って，岸に沿って船を進めながら，海底の潟や砂を爪が付いた鉄製の掻き棒で掻く漁法。

　入り掻きは，直接川や海の澪筋に入って，足で底の状態をさぐりながら掻く漁法。体力を消耗するのでベテランでなければ無理である。また，近年アカエイが川に上ってくるようになり，毒針に刺される事故も起こり，ほとんど見かけなくなった。

■ウナギ塚（石倉）

　河川の河口感潮域や海岸沿いに築かれている場合が多い。砂礫質の川底を50cm前後掘り，径が10cmから20cmほどの石を100個から200個積み上げる。数日から半月ほど経ってから潮の具合（大潮の時期がいい）を見て取り上げる。ウナギの存在を手で確認できたら，邪魔になる石を除けてウナギ鋏でつかみ捕る。熟練の技が必要。中に竹筒を10本とか20本入れて，その中に入っているウナギを捕る塚もある。

■ウナギさぐり（素手で摑む場合と，ウナギ"握り"などの道具を使う場合がある）

　今でも行われているが，一人で行う場合が多い。干潟漁に出てウナギの穴（棲息口）を見つけたら，手を差し込んでさぐるようである。本格的にさぐる場合は，数人で六角川や塩田川など感潮域が長い川へ出かけて，石垣や"あらこ"（川岸に石を積み上げてある場所）で，思い思いに分散して石垣の隙間に手を入れてさぐる。ベテランになると10本以上捕る者もいる。

■竹筒と筌（竹で編んだもの）

　各地の川や干潟の澪筋や江籠で行われている。筌の場合は餌（ミミズや小魚，タニシなど）を入れる場合が多い。アユが多い川ではアユを餌に入れるところもある。たいてい川底や海底に数日以上放置し，ときどき揚げてウナギを捕る漁法。筒漁専門の人は，澪筋や川，掘割に数十本以上入れている場合がある。船が入るところでは紐に数メートル置きに筒を付けておき次々に引き揚げるが，筒の下側に袋網を添えて，入っているウナギを捕る。

■こうで待ち網

　干潟の澪筋に船を乗り入れ，船を起点にV字状に2〜3m置きに十数本の

竹を立て，それに袖網（高さ1.5m前後）を括りつけておく。潮が引き始めて魚やエビ，ウナギなどが流れてくるのを，船の横にサデ網をすけて置いて掬い取る漁法。袖網を設置するため，潮が引いて漁が終わると片付ける必要があり，かなり手間と時間がかかる。ウナギのほかにエビやいろいろな魚も入る。

■手押し（“こね揚げ”とか“ぴんとこばっしゃ”とも呼ばれる）

　江戸時代から行われている，潮が満ち引きする流れに乗ってくる魚やエビなどを捕る漁法。5月から10月ごろまでの中潮から大潮までの間に行われる。早朝，潮が満ち始めるころ澪筋に船を進め，満ち潮の場合は船の舳先を沖合に向けて船を固定し，載せている手押し漁の大きい網を取り付ける枠（長い杉の丸太）2本に網を取り付けてから枠をY字状に組み立てて，舳先の台に載せてから網の先端を流れに向かって降ろし，先端を海底に押し付ける。エビや魚が網の上を泳ぐのが判ると，枠を支えている杉の丸太のつっかい棒（竹）を外して，丸太を押し下げると三角形の網の枠が上がる。網に入った魚やエビを“うっとり”というたも網で掬い取る。引き潮時にも漁を続けるなら，船の向きを陸側に向けて固定し，潮が引き始めるのを待つ。

■筌羽瀬

　地元では“おきびゃあ”と呼ばれる。長さ3m余りの竹を2000〜3000本，N字状に立てて，折り返しのところにはサデ網を置けるよう隙間を作ってある。折り返しを2カ所つけ，満ち潮でも引き潮でも漁ができるようにしてある。潮が動き始めると，その隙間のところに船を横づけして船の脇にサデ網を組み立てて置き，流れに乗ってくる魚やエビ，時にはウナギを掬い取る漁法。昭和50年（1975）ごろまではウナギがよく入ったようで，5月から10月まではこの漁で生活ができたと古老は話してくれた。ところが，そのころから海苔養殖が盛んになり，筌羽瀬の漁場と重なり，海苔養殖が優先されて撤退せざるを得なくなり，最後まで残っていたKさんも2010年ごろに撤退した。

■ウナギ延縄

　この漁も資材費が掛からないこともあり，かつては盛んに行われていた。とくに感潮域が長かった筑後川（以前は30km以上，大堰ができた後は23km）や六角川（29km），本庄江，佐賀江などで盛んであった。諫早湾では国営諫早湾干拓事業の工事が着工された1989年までは，小長井の井崎漁港や島原半島の土

有明海のウナギ漁

早津江川での延縄

　黒漁港を基地として，天草をはじめ有明海一円から延縄漁の船がやってきて，諫早湾でウナギ，スズキ，ヒラメなどを獲っていた。一潮（15日）に一日でウナギを5〜10kgは普通で，時には30kg獲れたこともあったそうだ。しかし，平成に入ると諫早湾干拓工事（砂採取）が始まり，延縄漁はできなくなった。

■ **数珠子釣り**（六角川下流域では"地獄釣り"と呼ばれていた）

　かつては河口域や澪筋で行われていた。20匹近くのミミズに糸を通して数珠っ子玉を作るのが，大変面倒だということもあって，この漁法は廃れたのではないかと考えられる。

　六角川での地獄釣りは，梅雨明けの大潮の夜，あらかじめミミズに糸を通して輪をつくり，8の字状にする。それを何回も繰り返すと野球のボールほどの玉になる。それを絹糸でグルグル巻いたミミズ玉に紐をつけて岸や船べりから降ろしておくと，ウナギが次々に食いついてくる。五，六本食いついたところで，船べりや岸へ引き寄せ，それをたも網で掬うか，船に一気に引き揚げる。船を葦原に乗り入れて食いついたウナギを引き揚げる場合は，やぶ蚊の集中攻撃を受け，地元では"地獄釣り"と呼んでいたようだ。

71

以上のように，有明海にはいろいろなウナギ漁が行われていたが，それらのほとんどは，有明海の環境の悪化とウナギ資源の減少，さらには経験を積んだ漁師の減少から，今では継承されないままに消え去りつつある。ウナギさえかつてのようにたくさんおれば，生計も成り立ち，継承する人も生まれただろう。漁撈文化の消滅はとても残念だ。

ニホンウナギの保護を考える

有明海沿岸の漁業の現場を50年にわたり見て歩く中で，ニホンウナギが減少してしまった原因とその保護についても，いろいろなことに思い当たった。それを最後に記しておこう。

海の汽水域にも棲息し河川にも遡上して成長するニホンウナギは，格好の水辺環境の指標になる生きものである。しかし，残念なことに近年，日本列島は大雨や台風などにより災害多発列島と化し，特に河川の状態はますます生きものが棲み難い状況になってきた。

私が住んでいる佐賀県鹿島市の河川とすぐ近くに河口がある塩田川を調べてみると，昭和47年8月の豪雨災害の復旧工事で，被害があった護岸はコンクリート化され，激甚災害指定で国の予算がついたからか，堰のほとんどが自動転倒堰に作り替えられている。魚道の一部は中央突出型になり，アユなどの魚は上れなくなっている。海と川を往復するウナギもモクズガニもヤマノカミも遡上する個体が激減している。

佐賀県内の自動転倒堰は約330あるが，そのうちの約60は塩田川と鹿島川ならびにその支流の中川，石木津川，浜川に設置されている。しかも魚道がないか，あるいは機能していない堰が半数くらいにのぼる。生きものにとっては遡上できないだけでなく，石積みや川岸に石が以前ほど置いてないから棲み難い環境に変わってきている。

とりあえずコンクリートの護岸の脇に大小の石を並べて置くだけでも，生きものの隠れ家になると思われる。試験的にコンクリートの護岸の内側に自然石をたくさん置いてある箇所も見られるので，今後の河川改修ではそういう方向で進められると有難い。

有明海のウナギは語る

国立民族学博物館 名誉教授 久 保 正 敏

　私は，本書の著者のひとり中尾勘悟さんとともに，『有明海のウナギは語る：食と生態系の未来』（河出書房新社）を2023年3月に刊行した。この本では，中尾さんは現地フィールドワークに基づく写真や報告を，私は主にネットや公文書館で得た画像や資料，いわばデジタル・フィールドワークで収集した情報を担当し，これらを組み合わせて，本書の諸原稿とも重なる論点やテーマでウナギを紹介している。そこで強調したかったのは，ウナギの資源減少と，水辺を中心とする生態環境の劣化とが連動し，後者はさらに人間の食や未来にもつながっていく，という点だ。

　生態環境の劣化について少し付け加える。治水と利水の両者をバランスさせるのが河川行政だが，明治以前の河川工法は「氾濫受容型」と呼ばれ，河川流域で，ある程度の氾濫を見越して堤防を築くものであった（写真1）。自然を制御できると考えるのではなく，上手に付き合おう，とするものだった。しかし，明治以降は，科学技術力にモノを言わせ，頑丈で溢れない（と考える）堤防を築き，河川と人々の日常を切り離してきた。

　しかし近年は，地球温暖化などで想定外の豪雨や台風による災害が多発している。そこで，古の知恵を見直し，自然に寄り添って生態系を生かそうという動きが生まれている。最近の「流域治水論」が唱える治水法や，Eco-DRR（Ecosystem-

写真1　現在の福岡県朝倉市で，230年前に治水と利水両者のバランスを考えて改修された山田堰の衛星写真（2024年4月19日，Google Earth より）。九州伝統の石工文化を映す石造りの堰は，旱魃と感染症に苦しむアフガニスタン復興に命を懸けた中村哲医師が，現地で建造した灌漑用水路のモデルとなった。

第3章▶ウナギと文化

based Disaster Risk Reduction：生態系を活用した防災や減災）法がその例だ。

　つまり，有明海のウナギからズームアウトしていくと，ヒトの未来が見えてくる，と私たち著者は言いたいのである。このように，ミクロな事象に迫る視点と，より広いマクロな視野を組み合わせるのは，とても大事だと思う。

　たとえば，同じ人間社会を対象とするが，社会学や経済学は人間をマス（集団）として捉えて論じるのに対し，私が長年勤めていた国立民族学博物館が扱う民族学・文化人類学の分野では，個々の人間に密着して日々の振る舞いから文化を見つめる。両分野の研究者は，時に互いを批判することがある。しかし，情報学を出身とする私に言わせれば，この対立は実にもったいない。行きつ戻りつ両視点を統合しようとする研究手法を採るならば，互いを利する，民族学で言う「互酬的」な効果があると思うからだ。その研究の中から様々な事象が互いに深く関係し合い，ネットワークを成していることに気付くはずだ。こうした「ミクロ−マクロ往還」の視点を，若い読者の皆さんにも持ってもらい，深めて欲しいと思う。

　また，私たち著者が心掛けたのは，自然科学や人文社会科学などの区分を超えること。時に自然科学研究は，公平無私に真実探求に奉じる，と無条件で信用されることがある。しかしそうした研究活動も，それを担うのは個々の人間であり，彼らや彼女らの文化的背景や歴史的縛りから逃れて，全く自由に行われるわけでは必ずしもないことにも留意したい。

　若い読者諸君には，従来からの区分や考え方に囚われず，自由に，しかし真面目に，諸々の情報を幅広く，過不足無く集め，それらを批判的に理解し，そこに潜む問題点の解決を目指すことに心を寄せて欲しい。問題解決のためには，関係組織や人々が一堂に会し，不断に合意形成を図る努力が必要だ。私たちの著書でも詳しく紹介しているが，「諫早湾干拓事業」に関わる訴訟史を見ても，解決に向けた合意形成が図られてこなかったのは残念な事実だ。もちろん合意形成には時間がかかる。しかし，それこそが民主主義のコストなのだ，と思い定めて欲しい。

　……と言うように，私たちの著書はやや説教臭い。しかし，二人合わせて160歳を超える高齢著者の私たちは，若い読者の皆さんに訴えたいのだ，皆さんこそが，より良い未来を切り開く主役なのだと。皆さんが乗り出さないと，数十年先には，自然環境や食料システムが破綻し，ヒトが，思いもかけず絶滅危惧種になっているかも知れないのだから。

　この『有明海のウナギは語る：食と生態系の未来』が，これからの時代を担う皆さんのヒントになれば，と願う。

ウナギ料理を極める

北九州小倉「田舎庵」3代目店主　緒方　　弘

「田舎庵」

　今年で創業97周年を迎える「田舎庵」，実は創業当初は料亭であった。

　鉄の街・八幡で始まったのだが，八幡製鉄所のおかげで活況を呈していた。それが，ちょうど50年前の昭和48 (1973) 年頃，日本に激震が走ったのである。オイルショックであった。大打撃を受けた製鉄業界，八幡の状況も容易に想像できるだろう。この年，あるお客様から「見切りをつけて小倉で商売をしたほうがいい」と言われ，小倉で物件を探すことにした。しかし，料亭を開くまでの広さを持つ物件が見つからなかった。

　そこで当時，評判のよかった「ウナギ」に特化することにした。「ウナギの田舎庵」の誕生である。

小倉のウナギ料理の歴史

　私は今，小倉でのウナギ料理の歴史に興味を持っている。およそ400年前，小倉城にたいへんグルメな殿様がいた。あの有名な明智光秀の娘ガラシャを母に持つ細川忠利である。参勤交代前日に突然，家臣に「ウナギを15匹獲ってこい」と命令したのである。よっぽど食べたかったのであろう。また，正月の茶の湯の初釜にもウナギを用意させていた。

　今では考えられないが，当時は小倉城下の紫川の上流で簗を仕掛けさせ，一日で3000匹の鮎や多くのウナギが獲れたという。当然，すべて天然である。無添加の味噌や醤油などで味付けするから，なおさら美味しかったことだろう。調理法に興味のあるところだが，当時のかばやきスタイルは丸ごと焼いて，ぶつ切りで，山椒味噌などをつけていたといわれる。

　「宇治丸鮓」といって，米で発酵させる「なれすし」もあったが，中津にいる父・三斎（忠興）も好物で，忠利はたびたび贈っていた。実は父も超グル

第3章 ▶ ウナギと文化

メであった。あの茶人・千利休の愛弟子であった忠興は，茶会の席で自ら料理を振舞ったという。当時は千利休の「わび茶」にならい，茶懐石は「一汁三菜」という“汁，ご飯，おかず”の三品だけであったが，忠興はかなりの数の料理を出し，客に「残してもかまいません」と言ったという。

とにかく，グルメな親子が地元であらゆる食材を満喫していたのである。牛肉やヤギ肉も食べていて，ワインを造っていた記録もあるという。

ウナギ料理の歴史と調理法

ウナギ料理の歴史は非常に古く，日本ではウナギは古くから食材として利用されてきた。その変遷は以下のように要約される。

1．古代の利用：ウナギは日本の古代文献にも登場しており，西暦700年代初めに書かれた日本最古の書物『古事記』や『日本書紀』にその存在が記されている。特に，平安時代には貴族の食事として重宝されていた。

2．江戸時代の発展：江戸時代後期に入ると，ウナギは庶民の間でも広く食べられるようになった。この時期，ウナギの蒲焼きが人気を博し，専門店も増えた。

3．近代の変化：明治時代から大正にかけ，特に江戸（旧江戸）では，ウナギを焼く技術が発展し，現在の江戸焼き，蒸してから焼く今のようなスタイルの蒲焼きが確立された。ウナギは日本の食文化の一部として定着し，全国的に食べられるようになった。また，ウナギの養殖技術も発展し，供給が安定するようになった。

4．現代のウナギ：現在では，ウナギは日本の伝統的な料理の一つして，特に夏の土用の丑の日に食べる習慣が根付いている。

以上のように，ウナギを食べる食文化やその料理法の歴史は長く，江戸時代後期（1800年頃）から明治・大正にかけて，ウナギを開き，大骨を取り，蒸して焼くスタイルが確立したことが，一般的な認識となっている。こうした時代と共に変わってきたウナギの利用の歴史を，私の故郷である北九州小倉に焦点を当てて概観してみる。

慶長5（1600）年12月，豊前国へ入封した細川忠興は千利休の直弟子とあって，茶の湯や料理に通じていたが，「ウナギの蒲焼」についても特筆すべ

76

きことがある。寛文8（1688）年に成立したとされる『料理塩梅集』（鹿児島大学附属図書館所蔵）に「ウナギの大骨を取り」，醬油をかけ「裏表よく焼き過ぎたる程よし」とある。

私は日ごろから料理人に，ウナギに「火を食わせろ」と言っている。しっかりと時間をかけ丁寧に芯まで火を通すことを徹底するのは，まさに現代の製法の通りであり，すでにこの時代に見抜いていたのである。

実は，『料理塩梅集』は忠興が小倉藩時代に編集させた料理書がベースになっているとの説がある（塩見川梅研『小倉藩御料理事情』）。それには，忠興の家臣が確立した「ウナギの骨切」技術からの発想とし，忠興入封時や隠居とした中津が現在，ウナギの名産地となっている所以でもある。「ウナギの骨切り」も「開いたウナギの蒲焼」も小倉藩が発祥とするものである。つまり，江戸焼の確立より数百年も早期に現在の形に近い蒲焼きが食されていたものと考えられる。

ウナギの調理のポイント

江戸時代のウナギ料理は，当時の保存技術や食文化の影響を受けており，特に新鮮さが重視されていた。冷蔵庫がなかったため，裂きたてのウナギが好まれたのは，鮮度が味に大きく影響するからである。それには，即殺と熟成がカギと言える。

- 即殺：魚が死ぬ際に苦しんでバタバタと暴れ回ると筋肉中に血が回ってしまうため，透明感がなくなり，生臭くなる。その際に，ATP（アデノシン三リン酸）が消費されてしまい，死後のイノシン酸へと変化する成分が減少してしまう。その結果，味も悪くなり，腐敗も早くなる。
- 熟成：ウナギに限らず，本来魚は，裂きたてよりも適切な保存方法で時間をおくことで旨味成分が作られ，よりおいしくなる。死後硬直まで5〜10℃，その後はさらに低い温度で貯蔵することで鮮度を保持することが可能となる。

生物学的にみる魚の死後から熟成ならびに腐敗の流れは，四つの過程，すなわち，活動，死後硬直（死後数十分から数時間で始まる），熟成（旨味が魚体に浸透する），腐敗に分けられる。

第3章 ► ウナギと文化

　水中で泳いでいた魚が水揚げ・釣り上げられて死ぬと，数十分から数時間で「死後硬直」が始まる。その後，旨味が魚体に浸透する「熟成」が行われ，熟成のピークを過ぎると「腐敗」していく。

　もう少し詳しく説明すると，魚体の中では次のような化学的変化（化学成分の変化）が起きている。

　① ATP（アデノシン三リン酸）→　② ADP（アデノシン二リン酸）→
　③ IMP（イノシン酸）→　④イノシン（HxR）→　⑤ヒポキサンチン（Hx）

　死後硬直は通常，死後数十分から数時間の間に始まる。死後，酵素の作用で魚体が持つエネルギー物質 ATP（アデノシン三リン酸）が ADP（アデノシン二リン酸）に分解される時にエネルギーを放出し，死後硬直と同時に旨味成分の IMP（イノシン酸）が作られる。

　熟成とは，旨味が魚体に浸透する過程である。死後硬直が解けて身が柔らかくなっていく過程で，旨味成分の IMP の数値が最高になることなのである。熟成から時間が経過すると，鮮度低下とともに苦味成分が増え，魚体の腐敗が始まる。

　暴れた魚はまずくなることが知られている。適切な処置をとらずに暴れて死なせた魚は，死ぬまでの間に旨味成分を作る元となる ATP（アデノシン三リン酸）が失われてしまう（暴れて死んだ魚は ATP が減少し，筋肉中のタンパク質が結合して筋肉の萎縮が起こり，柔軟性を失い硬くなる）。要は，魚体に酸素が供給されなくなるから硬くなってしまうということである。そういった魚には旨味が乗らないどころか，死後硬直から鮮度悪化が早まって，腐敗が急速に進行する。それゆえ，即殺の技術が重要となる。裂きたてがただ良いのではなく，適切な管理の下に旨味を引き出すことが大切なのである。

天然資源とウナギの未来

　私は初秋の天然ウナギを仕入れるために全国行脚している。江戸時代から有名な「備前川口ウナギ」だが，現在の岡山市青江で「青江ウナギ」と呼ばれている。児島湾のアナジャコを食べて育ったウナギはたいへん美味である。地元の漁師にお願いしているのだが，入荷した時は一安心である。

静岡県の浜名湖，島根県の宍道湖，神西湖など全国には多くの天然ウナギの産地があるが，地元の話をしよう。北九州市小倉南区に曽根新田と広大な干潟が広がる。新田は元和元（1615）年に小倉藩主・細川忠興が干拓し，80町（80ha）から始まったといわれる。現在も上曽根地区に，この新田を見ることができる。この時，築かれた干拓堤防が中津街道となっていた。現在の県道25号線である（旧10号線）。

その時代は干潟に鶴，雁，鴨など多くの渡り鳥が来ていたので，細川忠興・忠利親子は鷹狩を楽しんでいた。茶屋まで建てていたのである。特に曽根には鉄砲名人「源兵衛」という者がいて，鶴を撃ち，殿様に献上していた。現在でも世界で約3000羽ほどしかいないといわれるズグロカモメ約300羽が飛来する。生きた化石カブトガニも生息している貴重な場所である。

ここはウナギがよく獲れていたようで，忠利が初釜に用意させたのが「曽根のうなぎ」である。その時の料理法は不明だが，おそらく茶の湯で人気のあった「あぶり」であろう。

漁場は竹馬川の河口付近とみられる。当時の漁法はウナギ掻きである。現在と違い，十分に獲れたに違いないが，環境の変化などにより，今ではかなり減少している。江戸時代までとは言わないが，せめて50年前までに戻ってほしいと妄想している。

もう一つの漁場であるが，忠利が門司の漁師にウナギを15匹獲るように命じていることから，門司港の田ノ浦を指していると思われる。

その他，河川では紫川や宇佐の駅館川での簗漁で鮎とともに獲られている。

私は今，福島県相馬市の松川浦にいる。もちろん天然ウナギを求めて。「料理を極める」とはまだまだほど遠いのだが，生き物を扱っている私たちにとって大切なことは，「自然との対話」のような気がする。そして，何よりも大切なことは，食文化の歴史を継承し，後世へ伝えることである。

第3章▶ウナギと文化

江戸前のウナギ今昔

おさかな普及センター資料館 館長 坂本 一男

　「江戸前」とは本来「江戸城の前の海」のことであるが，宝暦（1751～64年）から文化（1804～18年）の終わりにかけては，「江戸前で捕れたウナギ（ニホンウナギ）」の意味に限って使われていた，という。たとえば，江戸時代後期の方言辞書である『物類称呼』（1775年）には，江戸では浅草川や深川あたりの産（ウナギ）を「江戸前」と呼んで賞し，それ以外のものを「旅うなぎ」といった，とある。また，武蔵国の村々の歴史などを伝える『新編武蔵風土記稿』（1830年）にも，（ウナギは）芝浦，築地鉄砲洲，浅草川，深川あたりで捕れるものを世間では「江戸前」と称して特に賞味した，とある。

ウナギ漁業の盛衰

　東京内湾の一帯は，かつては干潟が発達し，ウナギの生息場所として古くから有名であった。そのためウナギは内湾を代表する魚として，各所で竹筒，うなぎ鎌，柴漬，桁網，延縄，釣りなどで漁獲されていた。その（東京都［海面］）漁獲量は1900年代50～60トン，1923年頃100～300トンの範囲で増減し，1941年最高400トン超を最後に激減した。そして，1960年代から1970年代前半に進んだ埋め立てによる干潟の大幅な減少や水質の悪化により，ウナギは一時期，姿を消した。

1930年頃，東京市場で入手したニホンウナギ（ZUMT21007［東京大学総合研究博物館動物部門所蔵標本］全長28cm）

コラム⑧ 江戸前のウナギ今昔

東京湾の埋め立ての歴史は，徳川家康が江戸に開府した1600年代にまでさかのぼる。その後も埋め立ては続いたが，本格的な埋め立ては1960年以後の高度経済成長時代になってからである。この間，1962年，東京都内湾の漁業権は放棄された。[8][注3]

埋め立ての結果，第二次世界大戦前には136k㎡あった東京内湾の干潟は10k㎡とほぼ8％にまで減少したといわれている（その後，人工干潟・浅場が約3k㎡造成された）。残されているのは，多摩川河口域のわずかな干潟や三枚洲，三番瀬，盤洲，富津の干潟である。埋め立ては，干潟だけでなく，干潮時には干上がらないまでもかなり浅くなる「浅場」も減少させた。浅場は，干潟と同じようにウナギの生息にとって大切な場所である。[9][10][11]

その後，水質が少しは改善された1990年代以降，再び姿を見せるようにはなったが，湾内の漁獲量は年に5トン以下である。近年では，江戸川流域だけがわずかに漁場として残っているにすぎない。[12,13][4,5]

ウナギ資源の再生

このような状況から資源の再生を目指して，東京都では，江戸川，中川，荒川，多摩川，秋川で，毎年，漁業協同組合が稚魚（一時は成魚も）の放流を行っている。さらに，2015年には東京都と関係者が協議会を作り，「下りウナギ」の再放流も漁業者が自主的に行っている。[14,15]

現在，都内各河川では毎年，春先に東京湾からの稚魚の遡上が観察され，湾内の浅場でも生息が認められる。しかしながら，海から川に遡上して育つ川ウナギよりも，川に遡上しない海ウナギや河口ウナギが圧倒的に多いことを考えると，資源の再生には東京湾の干潟や浅場の保全や回復が不可欠である。[7][16]

注1：諸説あり，最も狭義には品川〜深川付近のことであるが，現在では東京内湾（富津岬と観音崎を結んだ線の内側）一帯を指すことが多い。[17]
注2：隅田川あるいは（隅田川の）吾妻橋あたりから浅草橋あたりまでの別称。[18,19]
注3：東京都の沿岸部，すなわち旧江戸川河口と多摩川河口に挟まれた海域。[20]

.

第 4 章
ウナギ資源の
保全・再生の試み

第4章▶ウナギ資源の保全・再生の試み

高校生による森と海をつなぐ挑戦
ウナギの保全と森づくり

福岡県立伝習館高等学校 自然科学部顧問
現福岡県立山門高等学校 教諭 **木庭慎治**

　九州北部の筑後川下流域に位置する柳川市には，鰻のせいろ蒸しと江戸時代に造られた柳川掘割を巡る川下りを楽しみに，たくさんの観光客が訪れる。福岡県立伝習館高等学校は掘割のすぐ横にあり，掘割の生き物とは日頃から親しんでいる。ところが，1970年頃に柳川掘割の管理がしやすいように護岸工事や掘割と海をつないでいる排水門の工事が行われ，ニホンウナギ（以後，ウナギ）の生息環境が壊れ，シラスウナギが有明海から川を遡って掘割に侵入できなくなった。以来，掘割で獲れるウナギは極端に少なくなってしまった。

　この頃，全国的にも水田や用水路の整備が行われ，海から川や堀に入ってくる流路が失われ，住みかとなる環境も減少してしまった。このような理由で，日本各地で獲れる天然のウナギは少しずつ減少したのだと考えられる。

ウナギ保全活動の始まり

　その後も状況は改善されないままに，2014年には国際自然保護連合によってニホンウナギは絶滅危惧種に指定され，柳川市では名物の鰻のせいろ蒸しが食べられなくなるのではないかと，たくさんの人々が心配するようになった。このような時，伝習館高校自然科学部は，日本を代表するウナギ研究者であり，本書の編者でもある九州大学の望岡典隆先生からウナギ資源の増殖に関わる研究の指導を受ける機会に恵まれ，シラスウナギの特別採捕から，自分たちで育てた稚魚に標識を付けて放流する実験ができる全国で唯一の高校となった。

シラスウナギの特別採捕

　ウナギの研究を望岡先生が進める研究の一環として取り組む機会に恵まれた伝習館高校自然科学部は，2015年4月から2023年3月までに，約1万2000

84

高校生による森と海をつなぐ挑戦

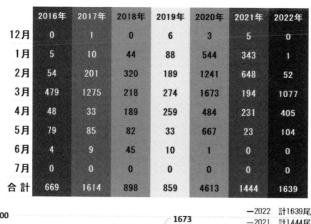

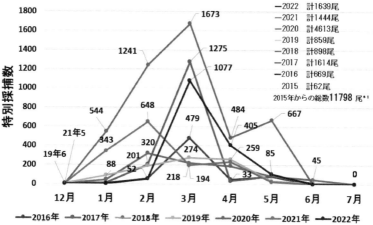

図1　2016〜2022年のシラスウナギ特別採捕数

※2015年4月1日から特別採捕が許可され，2015年は4月から62尾採捕した（2015年の特別採捕数62は，特別採捕総数に計上している）

個体のシラスウナギを特別採捕した。図1は，有明海湾奥部に流れ込む川の下流域において特別採捕したシラスウナギの個体数を示している。シラスウナギの採捕は夜間に行われるので，生徒たちも保護者が引率していただける時に参加した。生れた時にはわずか3mmほどの小さなウナギ仔魚（レプトセファルス）が，半年前後の長い時間をかけて2500kmにも及ぶ長い旅をしてきたことを考えると，ウナギの驚くべき生命力と神秘に満ちた生活史を実感できる貴重な経験になった。また，シラスウナギの採捕は3月に集中するので，

第4章▶ウナギ資源の保全・再生の試み

毎年6月ごろにたくさんの親ウナギが西マリアナ海嶺に集まり、一斉に産卵しているのだと推定できる。

シラスウナギの採捕は、潮止め堰の直下に待機して、海水が川を上がってくる夜の満潮前の時間帯に、水面をライトで照らして集まってくるところを網ですくいとる。私たちは大潮の3日間、夜の満潮時刻前の2時間にわたって特別採捕を行った。大潮は満月と新月の時にやって来るが、その時には干潮と満潮の水位差が大きくなり、シラスウナギは上げ潮に乗って川を上ってくる。採捕したばかりのシラスウナギは、透明で透き通っている。大きさは5〜6cm、重さは0.1〜0.2g。それらを生物実験室の卓上に60cmの水槽を並べて、ポンプで十分な酸素を送り、冷凍アカムシを与えて、遊泳力がつく7cm以上になるまで育てた。

育てたウナギ稚魚の放流実験

私たちが育てたウナギ稚魚は、年間に4回、7月、10月、12月、3月に柳川の掘割と福岡県みやま市を流れる飯江川に放流した。シラスウナギの成長には大きな個体差が現れる。成長の早いものは3カ月ほどで放流サイズになるが、遅いものは1年経っても7cmに達しない個体もでてくる。いずれの場合にも、放流前には麻酔をかけてサイズを測定し、7cm以上の個体にはお腹の中に小さな鉄でできた標識を挿入して放流し、採捕した時に放流した個体と判断できるようにした。

表1からも分かるように、小さなサイズで放流するのは、適応力の高いうちに放流して生き残りの確率を高めるためである。私たちは放流した全ての個体に、柳川掘割と飯江川で大きく育った後、ふるさとの西マリアナ海嶺に帰って産卵してほしいと願っている。今までに約1万個体を放流することができた。できることなら、実際に何個体が大きく育って、生まれ故郷の産卵場に帰ることができたのか、知りたいものだ。

このようにたくさんの個体を放流できたのは、2018年から水替えをしないでウナギ稚魚を健康な状態で飼育できる方法を開発したからだ。表1に見られるように、2019年から死亡率が顕著に低下している。この死亡率低下には、秘密がある。

86

高校生による森と海をつなぐ挑戦

放流年	放流個体数計	特別採捕個体数	死亡率(%)*1	平均体長(mm)*2	平均湿重量(g)*2	備　　考
2015年	52	62	16.13	92.8	0.81	2015年4月1日より許可
2016年	590	669	11.81	91.1	0.68	
2017年	956	1614	40.46	92.0	0.69	放流数は2016年継続飼育5個体を含む
2018年	667	898	23.26	87.9	0.65	放流数は2017年継続飼育26個体を含む
2019年	868	859	0.50	88.7	0.64	放流数は2018年継続飼育72個体を含む
2020年	4303	4613	6.83	80.0	0.49	放流数は2019年継続飼育62個体を含む
2021年	1340	1444	6.77	79.4	0.47	放流数は2020年継続飼育64個体を含む
2022年	1486	1639	9.33	77.0	0.42	放流数は2021年継続飼育10個体を含む
合　計	10262	11798	*1:死亡率は12月時点の死亡数から算出		*2:平均体長と平均湿重量は全放流個体の平均	
			*3:2023年度の死亡率(初期死亡率とする)は8月の全個体測定時の死亡個体より算出			

表1　2015～22年のシラスウナギの特別採捕個体数，放流個体数，死亡率，平均体長・体重

死亡率低下の秘密──クスノキ落葉の効果

　生物実験室でたくさんのウナギ稚魚を飼育する場合，水替え（水質）が大きな問題となる。水替えが十分でなかった2018年の3月までは，白点病やミズカビ病などの感染症が発生することがあり，薬の治療では解決できず，たくさんのウナギを死なせてしまった。特に，気温が高くなる5月頃から死亡数が増え，何とか死亡数を低下させることができないかと生徒と一緒に様々な実験を繰り返し，その中でクスノキの落葉を水槽に入れると死亡率が激減することを発見した。

　2018年以降，私たちは水替えを行わないで飼育している。飼育水槽に十分な空気を送り，クスノキ落葉を入れると持続的な水環境が維持できる。ウナギなどの魚類はアンモニアを排出する。アンモニアは魚類にとって有害な物質である。そこで，十分な空気を送り込み，落葉を入れた水槽中のアンモニア濃度を測定した。落葉を入れるとすぐにアンモニア濃度が低下することが分かった。次の日には水槽が白濁したのは，水槽中の酸素を使う細菌が爆発的に増殖したからだ。図2のグラフにアンモニウムイオン濃度を示しているが，これはアンモニアが水に溶けてイオンになった結果である。

　細菌というと，私たちはケガをした時の消毒や食べ物の腐敗など悪いもののようなイメージを持ってしまいがちだが，自然界ではいろいろな細菌やカビの仲間が持続的な環境維持に大きな役割を果たしていることを理解できた。では，細菌はどのようなしくみで水槽内のアンモニア濃度を低下させている

87

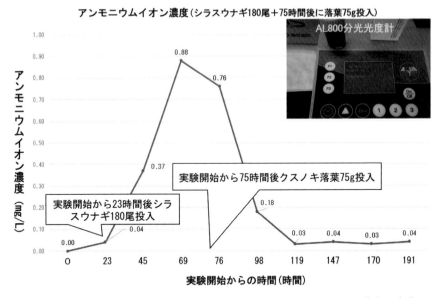

図2 飼育水槽にクスノキ落葉を投入した後のアンモニウムイオン濃度の変化

のだろうか。京都大学フィールド科学教育研究センターのたくさんの先生方の協力を得て、その大筋が明らかになった。細菌がアンモニアを直接取り込み、窒素同化をする過程でアミノ酸を作って増殖し、水中のアンモニアが減少したと考えられる。細菌が増殖したからアンモニア濃度が減ったと言える。

　以上のことから、私たちは持続的な水環境を維持するためには、水中に十分な酸素と細菌が必要であると考えた。さらに、水替えを行う必要がなくなったので、水の節約にもつながった。私たちが農業用水、生活用水、飲料水など生活を支える水の源は、降った雨である。近年では、せっかく天からの贈り物の雨も極端に集中して降ることが多くなり、私たちが使う前に海に流れて使えなくなってしまっている。ウナギの子どもの飼育から、自然界での水の循環に思いが広がった。

降った雨を有効に使うために

　私たちはブナの原生林が残っている福岡県八女市矢部村の釈迦岳で土壌の調査を行った。ブナの原生林の土壌は、厚い腐植層が長い年月をかけて形成

されたものである。腐植層は通気性があり，分解者は酸素を使って有機物を分解し，硝酸塩などの植物の成長に必要な栄養塩類が作られている。腐植層は間隙(かんげき)の多いフカフカの団粒構造を生み出し，吸水性に富んだ土壌が形成される。釈迦岳の腐植層は30cm以上もあり，自重の2.8倍もの水を含むことが分かった。

一方，飯江川上流には竹林が多く，近年では手入れがされず広がり続けている。腐植層がない赤みを帯びた竹林の土壌には吸水力がほとんどなく，2020年7月6日の豪雨で竹林の崩壊が起こり，各地で人々の暮しに大きな影響を与えた。モウソウチクの根は浅く横方向に地下茎を伸ばして分布域を拡大している。問題は竹林だけではなく，スギやヒノキの人工的な植林も，腐植層に乏しく豪雨災害で崩壊する可能性を秘めている。

飯江川の河動堰と森づくり

海と森のつながりにとって可動堰の存在に注目した。ウナギの調査を行っている飯江川にも可動堰がたくさん造られている（写真1）。可動堰は農業用水の確保と災害防止を両立させるために造られたもので，地域の人々の生活を守るために必要なものだが，海と川を行き来する魚類などの移動を妨げている。なぜ飯江川に可動堰がたくさん造られたのだろうか。飯江川上流域に密植されたスギやヒノキの人工林と，拡大し続ける竹林の土壌の吸水力が乏しいからだ。

そこで，私たちは山川ほたる保存会の方々と2022年から，竹林を伐採して広葉樹の森にする活動を始めた。きっかけは2019年3月，地域の文化祭で講演をする機会をいただき，「飯江川上流100年の森」を整備する必要を訴えたことから，保存会との共同作業が始まった。伐採場所は，20年間放置されたミカン畑にモウソウチクが侵入し

写真1　飯江川に設置された可動堰

第4章▶ウナギ資源の保全・再生の試み

写真2　飯江川源流域に広がる竹林を伐採して広葉樹の森に変える

写真3　2020年10月，飯江川の石倉かご設置に参加してくれた，みやま市立桜舞館小学校の児童と山川ほたる保存会の皆様（みやま市舞鶴ふれあい公園）

てできた竹林だ。この竹林を広葉樹の森にするために，山川ほたる保存会の皆さんと福岡県立山門高等学校の生徒たちは一緒に汗を流した（写真2）。竹林の伐採から2年が過ぎたが，伐採地には私たちが植えてはいないクスノキ，エノキ，イヌビワ，ムクノキ，アラカシ，アカメガシワなどが現れた。鳥や動物が種子を運んだと思われる。自然の復元力に驚かされる。

このように自然は本来，持続可能なシステムを持っていて，私たちが自然の力を見極めて，ちょっと手を加えるだけで本来の力を発揮する。100年以上かかるかもしれないが，釈迦岳で見たような健全な森が復元できることを実感できた。次の世代が森づくりを続けてくれることを願っている。

　伝習館高校で始められた身近な環境にニホンウナギを復活・保全させる高校生の取り組みは，私の転勤に伴い山門高校に広がり，新たな取り組みが進み始めている。高校時代の部活動でシラスウナギの飼育や川への放流活動などを通じて自然の営みや人の影響を体感した生徒たちの何人もが大学に進み，大学生として新たな取り組みを始めている。今後，大学生と高校生がつながりながら，小中高生も巻き込んで（写真3），一つの生態系としての有明海の再生に向かって，環有明海レベルの取り組みへと広がることを願っている。

蘇れ"鰻ガキ"
■■■「柳川掘割物語」■■■

やながわ有明海水族館 名誉館長　**亀井 裕介**

　福岡県南部にある柳川市。人口は7万人弱の地方都市だが，年間100万人を超える観光客が訪れる。総延長900kmにも及ぶ水路（掘割）が張り巡らされた水郷の都市である。

　柳川の観光の目玉は，掘割の景色を眺め，歴史と文化を感じる"川下り"であり（写真1），ドンコ船と呼ばれる手漕ぎの船に乗り，船頭さんの話や唄を聞きながら風情ある街並みを楽しめる。もう一つの名物は，柳川が誇る"ウナギのせいろ蒸し"である。川下りの終点辺りには，せいろ蒸しの香しいにおいが漂い，いただかずにはおられない見事な組み合わせとなっている。

　かつては柳川の掘割にはたくさんのウナギが棲みつき，多くの市民が毎日釣りをしても捕り尽くせないほどであったという。しかし，今ではウナギの姿を掘割で見ることは難しい。なぜウナギは姿を消してしまったのだろうか。

　全国的に問題になっているシラスウナギの乱獲も大きな原因と思われるが，それ以上に柳川での問題は，シラスウナギが掘割に入ってこれなくなってしまったことにある。柳川周辺の川の水は海水と淡水が混ざった汽水であり，その水を掘

掘割をドンコ船で巡る川下り

第4章 ▶ ウナギ資源の保全・再生の試み

割に入れてしまうと農業用水として使えないとされていた。汽水域では，重たい海水は下に，軽い真水は上にと，きれいに層に分かれることを知っていた昔の人は，上層の淡水だけをうまく利用する"アオ取水"という方法で掘割に水を引き入れていた。川と掘割をくっきりと仕切ることはしなかったので，シラスウナギも掘割に入ってくることができた。しかし，今では掘割と川は頑丈な水門でしっかりと仕切られ，高い遡上能力を持つウナギの子どもでさえ水門をよじ登って掘割に入ることができないのだ。

今，全国のいろいろな大学，地元の高校や市民団体などが協力して，掘割にウナギを戻す取り組みが行われている。その熱意が通じてか，天然ウナギと思われるウナギが掘割で採れ始めている。研究や市民活動が進み，掘割にウナギが蘇った時には，いつか自分たちが戻した柳川掘割産のウナギを食べてみたいものだ。

さて，柳川の水路縁には，所々に階段を目にすることがある。そう，かつての掘割は洗濯をして，皿洗いをして，雑談する，地域コミュニティにはなくてはならない場であったのだ。当時の子どもたちは，今では激減したミズクリセイベエ（オヤニラミ）やベンチョコ（ニッポンバラタナゴ）が泳ぎ回る掘割で，石の隙間に隠れているウナギやナマズをモリで突いて捕まえ，晩御飯のおかずにしたり，うなぎ屋に売ったりしていたそうだ。子どもたちにとって掘割はごく当たり前の遊び場であったのだ。しかし，今では，掘割からは水遊びをする子どもたちの姿はすっかり消えてしまった。水質の悪化に加え，学校や親が「水辺に近づくな」と言っていることも大きいだろう。

福岡市出身の超魚好きの私からすれば，"淡水魚の聖地"とも言われる柳川市は，希少なタナゴの仲間が簡単に釣れてしまう楽園そのものである。この楽園でも，ウナギ，ヤマノカミ，セボシタビラなど，姿を消しつつある生き物は多い。しかし，一番保全して掘割に呼び戻すべきは，ちょっと前まで掘割で遊んでウナギを捕まえていた子どもたちではないだろうか。

子どもたちが"生息"できる掘割の環境には，きっとウナギが溢れるほどにいるだろう。きっと希少魚たちが何食わぬ顔で群れているだろう。きっと誰もが掘割に目を向けて大事にしているだろう。これが私が思い描く"川ガキ"ならぬ"鰻ガキ"が主演の「柳川掘割ウナギ物語」なのだ。郷土が生んだ偉人，北原白秋の生家近くにある小さな手作りの「やながわ有明海水族館」から物語を始めたい。

魚好きの子どもたち，集まれ！

大阪湾のニホンウナギを森から育む
ウナギの森植樹祭

NPO法人大阪・ウナギの森植樹実行委員会 代表　津田　潮

　本書の序章で紹介されているように，今では世界共通の目標になっているSDGsを超えて，野生の生き物視線のSUGsが提唱されている。そこでは，自然のことはもちろん，人間のことも人間社会のこともすべて見通した絶滅危惧種ニホンウナギを持続可能社会を築き直すパートナーに定めたSUGs（Sustainable Unagi Goals）の取り組みが動き出した。

　私たちはSUGsという看板は上げているわけではないが，全国に先がけて，同じような趣旨で2013年より，淀川の支流，高槻市を流れる芥川上流域において，淀川河口域のウナギを育む森づくりに取り組んでいる。

事の起こりは東日本大震災

　私が社長を務める㈱津田産業は，2011年3月に宮城県沖の巨大地震が引き起こした大津波によって壊滅した地域に仮設住宅を建設する使命を受け，宮城県気仙沼市に向かった。気仙沼市の3カ所で仮設住宅の建設に当たった。合板工場なども津波で流され，材料をそろえるのが大変だったが，25日間の突貫工事で目標の仮設住宅を完成させることができた（写真1）。

　当時，海岸近くの宿泊施設の大半は津波で流され，宿泊するところが見つからず大変困った。そんな時，たまたま見つけた室根山麓の牧場にあった「アストロ・ロマン大東」に寝泊まりして作業を進めた。そして，2011年6月に開かれた「震災復興祈願　第23回森は海の恋人植樹祭」

写真1　東日本大震災時に建設した仮設住宅

に出会い、「森は海の恋人」運動を牽引されてきた畠山重篤さんの取り組みを知ることとなった。

「森は海の恋人」運動からウナギの森づくりの発想

　森づくりを進めるカキ養殖漁師がおられることは聞いていたが、植樹祭への参加を機に、畠山さんが暮らす舞根湾を訪れた。そこで畠山さんと初めてお会いし、「森は海の恋人植樹祭」を立ち上げた背景や、今日に至るまでの経緯などをお聞きし、大いに刺激を受けた。それが私たちのウナギの森植樹祭の立ち上げに結びつくこととなった。

　このような出会い以来、毎年、大阪や東京から社員数十人で「森は海の恋人植樹祭」に参加している（写真2）。植樹祭の前には必ず舞根湾に立ち寄り、森の恵みであるカキを御馳走になっている。この植樹祭は室根町第12自治会（三浦幹夫会長）の皆さんが総動員で半年をかけて準備されている。開会式が行われる「ひこばえの森集会所」前の広場には多くの大漁旗がたなびき、北海道から沖縄まで全国から1500人前後の人々が集まる。

写真2　森は海の恋人植樹祭

NPO法人大阪・うなぎの森植樹実行員会の立ち上げ

　今、日本の森はひどく荒れている。大阪府下でもカシノナガキクイムシによる枯損被害（ナラ枯れ）や、2018年9月の台風21号では約700haに及ぶ風倒木被害が発生するなど、早急に手入れが必要なところがたくさんある。

　すべての命は海から発生し、その海と山は川を通じてひとつにつながっている。その根拠は、山の腐葉土が生み出すフルボ酸鉄が川や地下水系を通じて海に運ばれ、海の生き物を育むことにある。中学1年生が習う国語の教科

大阪湾のニホンウナギを森から育む

写真3　ウナギの森植樹祭

書に「森には魔法つかいがいる」(畠山重篤)として紹介されている。

　2012年の「朝日新聞」1面に，淀川の天然ウナギを新名物にという記事が掲載された。その記事を見て，大阪の食文化を支えてきたウナギをもっと増やすために，東北の畠山さんに見習って，みんなの力を合わせて植樹しようとの話が盛り上がり，2013年に「ウナギの森植樹祭」を立ち上げた。

　主催者の大阪府木材連合会をはじめ，高槻市，大阪市漁業協同組合，森林組合，うなぎの料亭，大阪商工会議所などから約50名が参加して，山桜などの広葉樹を植栽した。その後，回を重ねるごとに参加者は増加し，今では約300名近くの人々が参加するまでに広がっている (写真3)。

　大阪湾のウナギを育むために，海の漁師も参加し，海から離れた山中に大漁旗がたなびく。畠山さんにも2016年から友情参加していただき，子どもたちに森・川・海のつながりや生き物の話をしていただいている (写真4)。植樹後に開く懇親

写真4　子どもたちを前に話す畠山重篤さん

95

会では，気仙沼舞根湾の水山養殖場から直送のカキで打ち上げを行うことが恒例となっている。今後，植樹祭を確実に責任もって継続していくために，2022年に「NPO法人大阪・うなぎの森植樹実行委員会」を設立した。

よみがえる大阪湾——道頓堀川でニホンウナギが発見

　淀川の水源である琵琶湖は多くの固有種を養う生物多様性豊かな生態系である。淀川水系には，国の天然記念物のイタセンパラ，アユモドキ，オオサンショウウオなど希少な生き物が生息している。特に淀川の河川敷のワンド（湾処）は，絶滅危惧種のサンクチュアリとして貴重な生態的役割を果たしている。

　大阪湾は，「浪花」の語源とされる「魚の庭」といわれたように，全国的にも魚種が豊かだった。私たちの高槻での植樹が効いてきたのか，最近水質が改善され，大阪湾も甦りつつある。そのことを実感するために，2017年に畠山さんと，2021年に本書の編者である京都大学名誉教授・田中克先生と一緒にウナギ漁師の松浦さんの船に乗せていただき，淀川河口域においてウナギの調査を行った。

　松浦さんは，古式の竹筒の仕掛けを使って毎朝ウナギを集めて回り，この日も丸々と太ったウナギが何匹も獲れた（写真5）。淀川産天然ウナギとしてキロ1万円前後で取引され，グルメの垂涎の的となっている。漁場はちょうど阪神電車の鉄橋付近なので，レールの鉄粉が降り注ぎ，ウナギの餌環境を豊かにしているものと思われる。私も1匹いただき，自宅の前の芦屋川に放流した。そのうち芦屋川もウナギの宝庫になればと願っている。

　2022年暮れに道頓堀川でウナギ11匹が捕獲されたとのニュースが流れた。本書のコラム⑩にも山本義彦さ

写真5　ウナギ漁師・松浦さんの船にて

んによって紹介されているように，指導した大阪府立環境農林水産総合研究所生物多様性センターは「道頓堀川で肉食のウナギが捕獲されたことは，本種の生息だけでなく，餌となる水生生物が生息していることを示し，本種は生物多様性を評価する上で重要な指標となる」とコメントしており，私たちも「ウナギの森植樹祭」の手ごたえを強く感じている。

大阪関西万博開催に向けて SUGs を実践し，心の中にも木を植えよう

ギリシャのエーゲ海はコバルトブルーで最高にきれいだが，流れ込む川がなく，周りは岩山ばかりで森はない。流れ込む養分やフルボ酸鉄が不足し，プランクトンが少なく，魚は僅かしか生息できないようだ。古来,「水清ければ魚棲まず」と言われるが，まさにその通りだ。

今まで汚いといわれていた大阪湾や淀川を，ウナギの棲める環境に戻し，世界の人々にSUGsの植樹の成果を見ていただきたいと願っている。これからも，毎年「ウナギの森植樹祭」を続け，全国47都道府県の中では最小の大阪府の森林面積5万6000haを，倍増することを目指したい。

畠山さんの「森は海の恋人植樹祭」は今年が36回目，そして私たちの「ウナギの森植樹祭」は11回目を迎えた。両方の植樹祭がつながりながら，さらに多くの方々がご参加下さることを願っている。

最後に，ちょっと面白い話をひとつ。高槻とは別のもうひとつの"ウナギの森"の話。北緯15度，東経142.5度，三つの海山の頂上付近にウナギの雄と雌が大集合し，夏の新月時に一斉に産卵するそうだ。これがもう一つの"ウナギの森"だ。海山は火山活動によりできたもので，頂きは海面から60mほどの深さにある。これらの海山は元は火山なので，磁気や重力の異常が見られ，わが淀川の河口を出発したウナギはマリアナ海溝にたどり着き，磁気や重力の異常を感じとって，山頂に集まり子孫を残すのだろう。そのような想像をさせてくれるウナギは，私たちの宝物だ。

ウナギは人類の誕生よりずっと昔から"二つの森"を行き来して命をつないできた。その命の循環を今の人間の都合で断ち切ることなど許されない。ウナギの森づくりを全国に広げ，私たちの心にも木を植え続けましょう。

第4章 ▶ ウナギ資源の保全・再生の試み

大阪のど真ん中にニホンウナギが生息する

おおさか環農水研生物多様性センター　主任研究員　山本義彦

　道頓堀川は大阪きっての繁華街"ミナミ"を流れ，某お菓子メーカーの大きな看板があり，某球団が優勝すると飛び込みが全国ニュースに登場する，あの川である。江戸時代初期に開削されたこの堀川は，豊かさをもたらす街の入り口であったが，水運が衰退し，高度経済成長期に汚濁がひどくなると，街は川に背を向けた。

　近年，流域の下水道整備や水門操作などの水質浄化の取り組みにより，水質はアユが生息できるレベルになっている。実際に2022年春には関西テレビにより下流端の道頓堀川水門で，アユらしき魚が遡上する姿が撮影され，大阪市による調査ではアユのみならずスズキやマハゼなど11種の魚類が確認された。私は，2021年9月に環境DNA網羅的解析法による魚類調査を環境省自然環境局生物多様性センターや神戸大学などと共同で行い，その中でニホンウナギ（以下，ウナギ）の環境DNAを検出した。海が近い感潮河川であり，ウナギがいるはずだが，標本や文献を探しても記録は見当たらなかった。ウナギ対象の調査が行われていなかったことや，大阪市の規則や川際に私有地があることで，釣獲が容易にできないことなどが一因と考えられた。

　そんな時，ベテラン芸人とアイドルグループが共演する毎日放送のテレビ番組から，道頓堀川で魚類調査をしたいという相談を受け，渡りに船とタッグを組んだ。2022年春，環境DNA種特異的検出法によりウナギのDNAを再確認した上で，秋に捕獲調査を行った。14個のもんどりを順に上げたが，12個目までウナギは捕れなかった。残りの2個は同じ場所に紐を結び付けており，どちらを先に引き上げるかはタレントさん次第。なんと最後にウナギが入っており，現場は歓喜に包まれた。あまりにもテレビ的な展開に番組ディレクターの岡山氏は「捕れると思わなかった。ヤラセと疑われる」と頭を抱えていたが，それほどこの川にウナギがいるというのは一般の人には信じられないことらしい。その後，延縄で10個体が捕れ，普通の番組ならこれで万々歳のエンディングを迎えるところだろう。しかし，番組の生物監修の尾寄氏や京原プロデューサーの「捕れただけで終わらせず，きちんと分析までする番組にしたい」という熱意により，耳石のストロンチウム／カルシウム比分析による回遊履歴推定から，捕獲したウナギが天然遡上個体で

コラム⑩ 大阪のど真ん中にニホンウナギが生息する

あろうことや、標本やラベルをアイドル自ら作成して大阪市立自然史博物館に収蔵することで、記録を残すことの重要性を伝えるところまで放送された。

まだ続きがある。ウナギ発見を契機に当センターと毎日放送は生物多様性の発信のために連携し、2023年5月に生物多様性とウナギの展示イベントを開催し、アイドルファンの「推し活」を中心とした3000人近い方々が見に来てくれた。2023年夏からは、ウナギで道頓堀の街を盛り上げる趣旨の番組企画が進行し、地元の商店会とも連携して、ウナギや水生生物の生息環境を創出する試みを行った。竹筒カゴと名付けた小さな魚礁や石倉カゴには、ウナギはもちろん、当歳魚（その年生まれの幼魚）と見られるチチブやアベハゼ、テナガエビなどが数多く棲みついていた。都会のど真ん中でも生き物はおり、環境創出は意味があることを、街の方々にも知ってもらうことができたのではなかろうか。

現在の道頓堀川は多くの観光客を乗せた遊覧船が行き交い、嫌な臭いもしない。遊歩道が整備され、街や店の入り口が再び川辺に開いたが、川の生き物を気に掛けている人はいるだろうか。アイドルの彼らもウナギのことをたびたび発信してくれており、ネイチャーポジティブなアイドルになってくれると期待している。

大阪の高校生が道頓堀川のウナギについて取材をしてくれた際、私は「生き物のにぎわいがある川がある街をどう思うか？」と質問をした。彼女は「その街の人たちは優しいはず。そこに行ってみたいし、住みたい」と答えた。道頓堀川は、これからもっと"ウナギのぼりにAぇ川に"（ええ川＝大阪弁でいい川［良い・好い]）、ええ街になってゆくだろう。生き物のにぎわいを水都大阪の新たな魅力にするべく、大阪のど真ん中に生息するウナギとともに生物多様性の保全と発信に取り組んで行きたい。

道頓堀川（2022年11月）

第 5 章
ウナギ目線の
水辺環境の再生・保全

ウナギからの質問

NPO 法人アサザ基金 代表理事 **飯島　博**

　ぼくはウナギです。

　毎年土用の丑の日が近づいて来ると，人間たちはぼくたちウナギの話題で
もちきりですね。ぼくたちに多くの人たちが関心を持ってくれることはありが
たいのですが，ぼくたちのことを，本当に大切に思ってくれているのかと
疑問に思うことがあります。

　人間たちは，ぼくたちが減っていると心配しているようですが，実は，美
味しい蒲焼や鰻重を食べられなくなるのを心配しているだけではないのかと。
ぼくたちが，なぜそんなふうに思うかというと，最近ある話題で人間たちが
盛り上がっているからです。

　その話題とは，ウナギの完全養殖の実現が近いというものです。ぼくたち
は，ちょっと不安です。人間たちが，ぼくたちを思い通りに増やそうとして，
川や湖や海から切り離した人工的な空間で一生を送れるようにする技術の開
発をしているからです。人間たちは，その実現を夢見ているそうですが，ぼ
くたちはもっと別のことも考えてもらいたいです。

　そもそも，ウナギの完全養殖が実現したら，ぼくたちは復活するのでしょ
うか。ベンヤミンというドイツの哲学者は，「技術は人間と自然の関係を支
配する」と言ったそうです。完全養殖という技術も，人間と自然の関係を支
配するかもしれません。絶滅しそうだから人工的なところで保護して増やそ
うということを，ほかの生き物たちにも行っていませんか。でも，人間は，
そのような方法や技術に頼り過ぎて，自然とのつながりを失ってきたのだと
思います。深刻さを増す地球環境問題も，人間が自然とのつながりを無視し
てきた結果，起きたではありませんか。

　みなさんは，本当にぼくたちウナギと一緒に暮らしていきたいのですか。

ぼくたち自然の生き物たちと暮らしていくために，自分たちの生き方を変える気はあるのですかと，問いたいです。ぼくたちは，皆さんに変わってもらいたいのです。だから，ぼくたちウナギが人間たちに投げかけている問いに，本気で応えてもらいたいのです。

ぼくたちが投げかけているのは，みなさんにとってウナギとは何かという問いです。みなさんは，何か難しい問題が起きても，新しい技術を開発すれば解決できると思い込んでいませんか。だから，「あなたにとってウナギとは何か」という問いかけに，気づけないのではありませんか。

「何か」という問いを人間たちに投げかけているのは，ぼくたちウナギだけではありません。人間の活動によって，地球全体で生物多様性が失われつつある今，様々な生き物たちが人間に，生き物とは何か，生き物たちと共に生きる意味は何かという，重い問いを投げかけています。

みなさんは『桃太郎』の昔話を知っているでしょう。ほかの昔話でもそうですが，昔の人たちは動物たちと話をしたり相談をしたりしていませんか。たとえば，昔の人たちは，米作りをするときにも，周りで暮らす動物や植物から，どの時期にどんな農作業をしたらいいかなど大切なことを教えてもらいました。米作り以外にも，昔の人たちは暮らしの中で，生き物たちと対話しながら，大切なことを感じ取ってきたのです。そんな時代に，ぼくたちウナギはいつも人間のすぐ近くにいました。

だから，今の人間たちにも，昔の人たちのようにもっとぼくたち生き物と対話してほしいのです。そうすれば，桃太郎のように生き物たちから知恵や力をもらって，鬼（環境破壊）を退治して，忘れられていたお宝を持ち帰ることができるかもしれませんよ。地球環境の危機を乗り越えるには，新しい技術に頼るだけではなく，そのような知恵や力を取り戻すことが必要だと，ぼくたちは思います。

ぼくたちウナギは昔も今も謎多き生き物です。

2000年以上も昔，古代ギリシアにアリストテレスという哲学者がいました。アリストテレスは，のちの時代，遠く現代にまで大きな影響を与えた偉大な哲学者です。かれは，ぼくたちウナギがいったいどこで生まれ，どこから来

るのかを知ろうとしました。調べれば調べるほど謎は深まり，彼は「ウナギは泥の中から自然に生まれてくる」と考えました[2]。彼の後にも，いろいろな説を考えた人たちがいましたが，20世紀になるまでその謎は解けませんでした。ぼくたちは，昔も今も人間に問いかける謎多き生き物なのです。

アリストテレスは，こんな言葉も残しています。

「たいていの人たちは，幸福であることを選択するのではなく，幸福であろうとする目標に向かって，金を稼いだり，危険を犯すような選択をするのである」[3]

多くの人間は，幸福とは何かという問いを忘れて，これをやったら幸福になれるという方法を選んで，その方法にばかり夢中になって生きているといった意味です。自分にとって幸福とは何かという問いに，決まった答えはありません。でも，問いの意味を深く考えることを止めてしまったら，とたんに人間は幸福を見失ってしまいます。

「ウナギとは何か」という問いにも，決まった答えはありません。その答えは，ひとりひとりが自分で見つけるしかありません。この問いは，決まった答えに辿り着くことのない，どこまでも続く問いです。それだけではありません。何かと問うあなたにも，問いが返ってきます。いったい何ものか（どのように生きているのか）という問いが返ってきます。

それは，問う人に，自分はどのような人間なのか，どのような生き方をしているのか考え直し，今の自分を知る機会を与えてくれる問いなのです。

学校に通っているみなさんは，「総合的学習」の時間を知っていますよね。この時間も，同じように答えの見えない問いと向き合って考え，仲間と話し合うための時間なのです。誰かに教えてもらうのではなく，ひとりひとりが自分の方法で考えます。

答えの見えない問いに応えられることでイノベーションを起こそう。

みなさんは，最近イノベーションという言葉をよく耳にしませんか。イノベーションという言葉は，社会を大きく変えるという意味で使われます。この言葉も，技術開発にかたよった意味で使われることが多いようです。けれども，新しい技術を見つけても，イノベーションが起きるとはかぎりません。

イノベーションは，自分のあり方を自ら変えることができたときに，初めて起きるものだからです。

　絶滅の危機にあるぼくたちウナギを復活させるために必要なのは，本当の意味でのイノベーション，つまり人間のみなさんが，ぼくたちの問いかけに応え，自分たちのあり方を変えるということなんです。

　ぼくたちウナギと一緒に，失われたつながりを取り戻し，地球環境問題を解決に導いていこう。

　ぼくたちウナギは，地球に広がる壮大なつながりに支えられて生きる生き物です。ぼくたちは赤道近くの海で産卵して，孵化した仔魚（レプトセファルス）は海流に乗って日本近海に運ばれ，稚魚（シラスウナギ）になると，それぞれの川の河口から上流に向かってさかのぼり，湖沼や里山の田んぼや小川や池などに自分のすみかを見つけて暮らします。

　ぼくたちウナギのすみかは，赤道近くの海からあなたの近くにある小川や池までの自然のつながりの全てなのです。この大きなつながりは，地球環境を支えるつながりそのものです。

　だから，大きなつながりを支えに生きるぼくたちウナギと共に暮らしていけるように，皆さんの暮らし方や社会のあり方を見直し変えていくことは，地球環境問題の解決に向けた大きな一歩にもなるのです。

　なぜ，人間はウナギの暮らしを支えていたつながりを壊してしまったのか，考えてみよう。

　ぼくたちウナギは，とうとう絶滅危惧種に指定されてしまいました。ぼくたちがここまで追い込まれた原因はいろいろあります。そのひとつは，ぼくたちがシラスウナギ（稚魚）の時に，人間が養殖をするために，ぼくたちをたくさん獲ってしまうことがあります。ウナギの完全養殖が実現したら，シラスウナギの乱獲は減るかもしれませんが。

　もうひとつは，人間がウナギの生息を支えている壮大なつながりを至る所で分断していることです。人間が，ぼくたちのすみかに河口堰や水門，コンクリート護岸，ダムなどを造って，ウナギの暮らしに必要な自然のつながり

を壊してしまった結果，ぼくたちは激減してしまいました。それ以外にも，生活排水や農薬による水の汚染も，ぼくたちのすみかを奪いました。

　人間は，科学やそれをもとに開発した技術の力で，自分たちの都合の良いように，川や湖などの自然を造り変えてきました。それらによって，災害を減らしたり，便利になったり，たくさん物が作れたりできるようになりました。しかし，最初の方でぼくが紹介した哲学者の言葉を思い出してください。「技術は，人間と自然との関係を支配する」という言葉です。

　人間を便利にして豊かにした今の技術は，人間と自然との関係をどのように支配しているのでしょうか。人間に自然をどのようなものとして見えるようにしているのでしょうか。つまり，今の人間にとって，自然とは何かという問いです。ぼくたちには，人間は様々なものを自然のつながりから引き離し，自分たちの思い通りにできるようにしようとしてきたように見えます。そのようなことを，地球の至る所で人間たちが続けてきた結果が，今日の地球環境問題を起こしているのではありませんか。

　ぼくたちウナギは，このような人間のあり方に，大きな問いを投げかけています。技術が，人間と自然との関係を支配するというなら，ぼくたちは，人間と自然の新しい関係をつくるために，人間に今の技術のあり方を見直してもらい，自然のつながりを生かした新しい技術のあり方を見出してもらいたいと思います。

　それこそが，前にお話しした「自分のあり方を変えることで，初めて起きる」本当のイノベーションだからです。

ウナギの問いを共有することで協働を生み，社会を変えていこう。

　ぼくたちウナギが再びみなさんと一緒に暮らせるようになるには，技術のあり方を変えるだけではなく，みなさんの社会の中にある様々な壁をなくしていくことも必要です。持続可能な社会の実現を目指すSDGsの中にも，様々な社会の壁をなくすことが盛り込まれていますね。

　ぼくたちウナギを支えてきた自然のつながりが壊されてきた原因を探っていくと，必ずみなさんの社会には多くの壁があることに気づくはずです。社

会の壁ができる大きな原因は、人々の立場の違いです。そのような立場の違いを乗り越えて一緒に考えるために、ぼくたちウナギが投げかけたような問いを共有することが大切だと思います。

ひとつの答えに固まらないで、どこまでも続いていく問いと、立場の違いを超えて人々が向き合いながら学習していくことができれば、違いを超えた取り組み、つまり協働による多様性が社会に生まれてくるからです。

ウナギの復活には、多様な人たちによる協働が必要です。ウナギを呼び戻すために、みなさんが協働することで、地域に壁を超えた人々のつながりが生まれ、これまで思い付くこともなかった問題解決のアイデアや、使い道のなかったものの利用法などが次々と見つかり、地域に活気をもたらしてくれることでしょう。

だから、ぼくたちウナギと一緒にまちづくりをしていきませんか。

総合学習で生き物たちとの共存を考えた小学生たちが、
地元の人たちに環境改善の提案をしました。

第5章▶ウナギ目線の水辺環境の再生・保全

ウナギにも訴訟を起こす権利がある

大阪大学大学院法学研究科 教授　大久保規子

ウナギの悩み

　南方の海で生まれたニホンウナギのうなちゃんは，黒潮に揺られながら，半年をかけてようやく日本に到着した。これまで川の下流付近で休んでいたが，いよいよ上流に引っ越すことにした。ところが，びっくり。たくさんの段々があって，なかなか上流に行けないのである。川の古老によると，「これは，人間が作った『堰』というものだ。ここにいる他の生き物の意見も聴かずに勝手に堰を作ったので，みんなが大迷惑している」という。「堰を壊して，みんなが元通り自由に行き来できるようにして欲しい」。そんなうなちゃんの願いは，どうしたら叶えられるのだろうか。

ウナギが裁判所に行く

　人間の世界で社会的な紛争を解決するのは，裁判所である。うなちゃんも，仲間とともに訴訟を提起することにした。この裁判は，どのような結末を辿るのであろうか。

①人間もウナギも同じ生き物だから，同じように訴訟を起こせる。裁判所は，この堰が川の生態系や生物多様性に重大な影響を与え，ウナギや川の権利を侵害していないかどうか，審査しなければならない。

②話すことのできないウナギが訴訟を起こせるはずがない。権利をもつのは人間だけであり，ウナギも川も人間の所有・管理の対象にすぎない。そのため，裁判所は，堰が違法かどうかを審査するまでもなく，ただちにこの訴訟を門前払い（却下）することになる。

③確かにウナギが裁判所で意見を述べることはできないし，権利をもつのは人間だけである。しかし，ウナギが大好きな人やウナギ・川の保全活動を行っているNGOは，ウナギや川を守るための訴訟ができる。そのため，ウナギに代わってこれらのNGOなどが原告になるのであれば，裁判所は，この堰が法律に違反しているかどうか，審査しなければならない。

コラム⑪ ウナギにも訴訟を起こす権利がある

日本の常識は世界の非常識

　上記①〜③のどれが正解なのだろうか。実は，権利の考え方は国や時代によって異なるため，唯一の正解というものはない。

　もっとも，現在の日本では，②の結果になる可能性が高い。今まで，ドジョウ，ムツゴロウ，アマミノクロウサギ，オオヒシクイなどが訴訟を提起したことがあるが，いずれも門前払いにされているからである。

　しかし，国際的に見ると，③の考え方をとる国が一番多い。欧米では，すでに1970年代から，良好な環境はみんなのものであり，誰もが違法な開発・破壊行為に対して訴訟を提起することができるという制度（市民訴訟）や，環境を守る活動を行っている NGO が訴訟を提起することができるという制度（団体訴訟）が整備されてきた。現在では，インド，ブラジル，中国を含め，先進国，途上国を問わず，このような訴訟が認められている。

自然の権利が認められる

　さらに，最近では，南米を中心に，①の考え方が憲法・法律や裁判で認められ始めている。川や山そのものに権利があり，生態系の一部としてそこで暮らす人間は，自然に不可逆的な影響を与えないよう，良き生活を送る必要がある。そして，自然の権利の侵害に対しては，誰もが自然の代理人として訴訟を起こすことができるというのである。さらに，そもそも自然の権利が侵害されないように，山，川，干潟などの権利保護委員会を設置する国も現れた。

　将来は，人間に加え，ウナギの代表，魚の代表，鳥の代表など，多様な生き物の円卓会議で，堰を作るかどうかを議論する時代が来るのかもしれない。

舞根湾震災復興に果たしたウナギの役割

NPO 法人森は海の恋人 副理事長 **畠 山 信**
東京都立大学都市環境科学研究科 教授 **横 山 勝 英**

「森は海の恋人」と「森里海連環学」

　NPO 法人森は海の恋人は，気仙沼市舞根地区を拠点として，森の植樹祭や海の環境教育を行ってきた。本業はカキ・ホタテガイの養殖である。気仙沼湾はかつて，流域から流れ込む汚水が原因となって赤潮が毎年のように発生し，赤潮プランクトンを取り込んだカキは赤みを帯びて売り物にならなかった。そこで，私たちは海の環境を改善するために，気仙沼湾に注ぐ大川上流，室根山に木を植え始めた。さらに，市内外の小中学生を舞根湾の養殖場に招待して，カキ養殖の仕組みや森と海の環境を守ることの大切さを教え続けた。

　その活動を知った京都大学名誉教授・田中克先生は，私たちと連携して森里海連環学を立ち上げた。毎年，夏になると京都大学のいろいろな学部の1年生がはるばる気仙沼舞根湾を訪れて，森，川，里，海のつながりと，社会のあり方についてフィールドから学んできた。

　「第23回森は海の恋人植樹祭」を準備しようとしていた矢先，2011年3月11日に東日本大震災が発生した。三陸沿岸は高さ10〜20mの大津波に襲われ，気仙沼湾に面する街は壊滅し，カキ・ホタテガイの養殖いかだも全て流され，さらに燃油タンクが倒壊して海上火災が発生した。被災した街と海が復興するには，長い年月を要すると思われた。

東日本大震災からの海の復興

　早速，田中克先生は全国の研究者に声をかけ，カキ・ホタテガイ養殖を早期に復興させるための環境調査を企画した。そして，様々な分野の研究者に集まってもらい，震災から2カ月後の5月21日に，海の水質，底質，微生物，海藻，ベントス（二枚貝など水底に住む生き物），動植物プランクトン，魚類な

どの総合的な調査が行われた。

その結果，海底に堆積していたヘドロが津波によって洗い流され，砂地に変化したために，水中の酸素濃度や水質が改善され，津波前よりも健全な状態になったことが分かった。そして，適度な栄養分が植物プランクトンの増殖をうながし，有明海と同程度に植物プランクトンが豊富に存在していることが明らかになった。これがカキ・ホタテガイの良質な餌になるのである。

京都大学の益田玲爾先生は，2カ月ごとに潜水して魚類相を観察してくださった。その結果，5月には魚はほとんど見られなかったが，7月にはキヌバリやリュウグウハゼなどの小型魚から増え始め，また，海草のアマモも生え始めていた。その後も，どんどん魚の種類・個体数が増えてゆき，2～3年で安定した環境に落ち着いたと結論づけられた。

三陸地方では「津波の後にはカキがよく育つ」という言い伝えがあり，実際，舞根湾では2011年5月からカキ養殖を急ピッチで再開し，9カ月後の2012年2月には出荷にこぎ着けることができた。この成長速度は通常の2～3倍であった。津波で海は死んだかのように思われたが，生き物は1000年に一度の破壊から速やかに立ち直れるしたたかさを持っていた。

防潮堤

陸地では住民の生活再建が進められた。三陸では数十年に一回，津波が発生しており，今後も発生するだろう。そのため国と県は，高さ10m前後のコンクリート製の防潮堤を海岸と河口域に張り巡らして津波を防ぐ計画を立てた。

しかし，舞根の人々は海と暮らすことを選んだ。つまり，海を見下ろせる標高40mの高台を造成して，住宅街は移転することで津波から身を守り，その代わりに海岸には防潮堤を作らずに，海沿いの景色を守ることに決めた。住民は市役所に対して，防潮堤を建設しないでほしいという要望書を提出したところ，幸いなことにこれが認められた。三陸沿岸で防潮堤がない集落は，岩手県の花露辺と，宮城県の舞根の2カ所のみである。

塩性湿地の意義

震災の後，気仙沼市の海沿い一帯は，津波が引いた後も水浸しであった。

第5章▶ウナギ目線の水辺環境の再生・保全

大陸プレートの移動で地盤が80cmほど沈下したため，大潮の満潮時になると，海水が陸地に押し寄せてくるのであった。舞根では，西舞根川沿いにある住宅跡地や農地が水深1.5mほどの塩性湿地と化していた。実は，その陸地は1950年代まで浅い海だった。1960年代に農地や宅地を造るため，海を埋め立てたのであり，そこが津波と地盤沈下によって再び干潟や塩性湿地に戻ったことが分かった。

　このような，川の真水と海の塩水が混じりあう所を汽水域という。汽水域は，海や川と比べて波や流れが穏やかで，また，栄養が集積しやすく，植物・動物プランクトンが増殖しやすく，生物の餌が豊富な場所である。そのため一般的に稚魚の生育に適しているとされており，また，アユ，マス，ウナギ，モクズガニなど海と川を往来する生物が休息する場所とも言われている。

　舞根では住宅街の高台移転を契機にして，震災によって昔の姿に戻った干潟や塩性湿地を保全し，自然環境に配慮したまちづくりを進めようという気運が高まった。

塩性湿地の生態系

　そこで，様々な研究者が舞根の塩性湿地の環境を調べ始めた。水位，塩分，溶存酸素濃度，プランクトン，二枚貝，稚魚，植物などである。京都大学の中山耕至先生は，湿地にはチチブやビリンゴなど汽水性のハゼ類が多く生息していて，湿地のビリンゴは河口に比べてプランクトンをより多く摂食して，肥満度が高いことを明らかにした。つまり，塩性湿地は汽水魚の優れた生息地であることが証明できた。

　ただ，問題点も見つかった。湿地は，西舞根川のコンクリート護岸でへだてられていて，海水や真水が出入りしにくい構造になっていた。その結果，湿地の水がよどみがちで，水中酸素濃度が低下しがちであった。貧酸素になると水中の生物は呼吸ができずに，生息しにくくなる。

　こうした科学的な成果を整理して，気仙沼市役所に対して，貴重な塩性湿地の保全をお願いするとともに，河川の護岸を一部取り壊して，水の出入りを活発にすることをお願いした。

市役所との攻防

しかし，市役所の反応は厳しかった。震災復興事業では，
①沈下した土地に土砂を投入してかさ上げすることはできるが，水浸しのままにしておくと，土地の所有者から苦情が出かねない。
②津波で壊れた堤防を作り直すことはできるが，使える堤防を壊すことはできない。
③そもそも，震災前の状態に戻すための事業なので，環境に配慮した新たな工事はできない。
④取り組みの前例がない。
と説明され，数年間，意見が折り合うことはなかった。
　なんとか理解していただくための切り札がないものかと模索が続いた。

ニホンウナギの発見

2013年の夏頃から，西舞根川でニホンウナギが時折，見つかるようになった。夜間に観察に行くと，チチブをくわえたニホンウナギを見ることができた。震災前にも西舞根川や舞根湾でニホンウナギは捕れていたものの，東日

河川護岸の開削と塩性湿地の環境改善

本大震災でいったんいなくなり，2年後に再び戻ってきたのであった。ニホンウナギは海で生まれて川をさかのぼるため，海と川をつなぐ汽水域の大切さを代弁できる生き物である。

「ウナギがさかのぼれる川づくりを目指し，そのために塩性湿地を保全してくれませんか」。ウナギの発見情報を持って再び市役所を訪問したところ，2016年から耳を傾けてくれるようになった。第一期の震災復興工事が2016年3月で終わり，2016年4月から第二期がスタートしたため，どうやらそのタイミングで少し雰囲気が変化したようだった。絶滅危惧種のニホンウナギを気仙沼に呼び戻すことができれば，海と生きるまち気仙沼のイメージアップにつながるかもしれない，そんなふうに考えてくれたのかもしれない。

お役所仕事の壁

気仙沼市役所は前向きになったものの，さらに宮城県や国土交通省の許可も得る必要があった。そのため，「震災前にも舞根湾や西舞根川にニホンウナギが生息していて，震災で消えたニホンウナギを呼び戻すためには河川の工事と塩性湿地の保全が必要」という資料を，「震災前のニホンウナギのデータ」を証拠として添えて提出することが求められた。

ここで頭を抱えたのが，震災前のウナギデータである。確かにニホンウナギを捕っていたが，科学的な研究ではないから記録はとっていない。もしかしたら写真を撮っていたかもしれないが，津波で家とともに全て流されたのである。このように市役所に説明しても，証拠がなければ前に進められないと言われてしまった。

ウナギがつなぐ森・川・里・海

そこでインターネットを何度となく探したところ，2008年に京都大学が行った森里海連環学フィールド実習のレポートが発掘された。インターネット・レポートには，「舞根湾の海中に捕獲ネットを落として引いたところ，天然ウナギが1匹とれた」と書いてあり，写真も添えられていた。京都大学フィールド科学教育研究センターの先生が震災前に取り組んでおられた学生実習のレポートが，何の偶然か，震災後の環境保全に役立ったのである。

この発見により，無事，国や県から工事を許可していただけた。この頃になると，市役所も自然再生事業に積極的になっていた。私たちは河川護岸の取り壊しと湿地の保全を提案していたが，市役所から追加提案が出され，湿地と反対側の護岸をフレーム式護岸に作り替えることになった。フレーム護岸とは，コンクリート枠の中に自然石を詰めたもので，隙間に魚などの生物が入り込んで生息できるのである。

　自然再生工事が決定したのは2018年6月，実際の工事が行われたのは2019年からである。そして，全ての工事が完了したのは2021年であった。震災から10年目にして，ようやく自然環境に配慮したまちづくりが実現できた。その立役者が，ニホンウナギだったのである。そして昨年，フレーム護岸の石の間から頭を出すウナギの撮影にも成功したのである。

フレーム護岸に生息する日本ウナギ
（2023年7月撮影）

ニホンウナギがつないだ舞根地区の森・川・里・海

第 5 章 ▶ ウナギ目線の水辺環境の再生・保全

ウナギとカキと森は海の恋人

NPO法人森は海の恋人 理事長　畠山重篤

　気仙沼湾とその一つの小さな入り江，舞根湾で牡蠣養殖を50年ほど続けている。いろいろな生き物の思いがけない姿に出くわす。実は若いころにはウナギ漁の経験もある。カキ養殖業を親父から引き継いだ30歳前後のころ，気仙沼湾にはウナギがあふれるようにいた。カキの産卵期は夏で，いっせいに卵を放出する。それを知ってか，ウナギが現れて，産み出されたばかりのカキの卵の塊を吸い取るように飲み込むのだ。卵は栄養満点，ウナギは待ってましたとばかりにごちそうになるのをよく見かけた。

　秋口，ナラやクリ，マンサクなどの雑木の枝を，葉をつけたまま切り取ってきて，それをドラム缶ほどの太さに束ねる。中に空洞を作るのがコツ。それをロープにつけて，カキの養殖筏（いかだ）に吊るしておく。そして，雨が降るのを待つ。秋の台風シーズン，産卵の旅に出るために大雨と共にウナギが川から海に下ってくる。海が赤茶けるほど濁ると嬉しくなったものだ。ウナギが必ず獲れるからだ。

　海苔の摘み取り用の小さな木の船に，張り網という大きなタモを積んでいき，沈めておいた枝の束を下からそっとすくい上げる。そして葉をゆすると，バシャバシャ，バシャーンと大きな音を立ててウナギが飛び出してくる。子どもの腕ほどもある大きなウナギが獲れる。木の枝を束ねたものを"胴柴"と呼んでいた。20個ほど仕掛けた所を一回りすると，小舟の底が見えなくなるほど，ウナギで埋め尽くされたものだ。孫たちにこの話をすると，「おじいちゃん，嘘でしょう」と言われるが，本当だ。

　ところが，それだけいたウナギが，ばったり姿を消してしまった。ウナギだけでなく，一緒に獲れていたメバルなどの磯魚もほとんど獲れなくなった。

　平成元年から始めた「森は海の恋人」運動を通じて，私は密かな期待を持っていた。それは気仙沼湾のウナギの復活だ。ウナギは森と川と海を結ぶ最も重要な指標生物である。サケも海から川を遡るが，ウナギとは根本的に違う。ウナギはサケとは異なり，一生のほとんどを人間の側で過ごすということである。川の流域には人間の暮しがある。つまり，ウナギを生かすも殺すも，そのカギは人間が握っているということなのだ。川の流域に住む人間に，少しでもウナギの側に立ってもらう必要がある。

コラム⑫ ウナギとカキと森は海の恋人

　平成22（2010年）年の私の年賀状は喜びにあふれていた。"我まぼろしの魚を見たり"と書いてあった。とうとう舞根湾でウナギが獲れだしたのだ。気仙沼湾に注ぎ込む大川流域に住んでいる人々がみんな，川を汚さない生活を心がけるようになったからだ。ウナギに続いてメバルも復活した。

　そんななか，2011年3月にあの大津波の襲来を受け，生き物が姿を消してしまった。しばらくはあきらめの境地で，全国から集まったボランティア研究者による舞根湾での震災復興調査を見守った。

　子供の頃にあった湾奥の湿地が蘇るなど，自然環境が目に見えるようによくなっていくなか，びっくりすることが起こった。2014年の夏のある日，孫が"おじいちゃん，ウナギ獲った"と報告してきた。舞根湾や近くの川には，けっこう姿を見せているという。

　人間が自然に優しくなれば，ウナギは戻ってくることを確信した。森はウナギの恋人なのだ。

　　＊著者の『牡蠣養殖百年——汽水の匂いに包まれて』（マガジンランド，2020年）の
　　　一話「ウナギが戻った海」より抜粋，一部加筆・改変

森の栄養—植物プランクトン—カキ—ニホンウナギと，いのちがつながる舞根湾のカキの"森"

117

第5章▶ウナギ目線の水辺環境の再生・保全

ウナギと共に拓く未来
地球に生きる大先輩ニホンウナギへの手紙

森里海を結ぶフォーラム 代表　田中　克

拝啓　先住民 ニホンウナギ　殿

　地球上に現れてまだ20万年ほどしか経っていない新米が地球をわがもの顔に独り占めし，今を生きる自分たちの都合で好き勝手に自然を壊し，はるか昔から地球に暮らす先住民であるあなた方を絶滅の危機に追い込んだ人間の一人として，まずは心からお詫びしたいのです。その上で，許されるなら，未来の子どもたちの幸せを願って，すべての命が大切にされる地球生命系に創り変える取り組みのパートナーになってもらいたいとの思いを深めています。

　私は，あなた方もかつては大阪湾から淀川・宇治川・瀬田川を遡って暮らしの場にしていたと思われる琵琶湖のそばに生まれました。小学校の担任の先生に連れられて琵琶湖での魚釣りを楽しんだ子ども時代の経験がもとになり，魚の子どもの生態や生理を研究する道に進みました。日本海のヒラメ稚魚や有明海のスズキ稚魚などから，海と森は深くつながり，人も周りの多くの生き物も皆，その恵みによって生かされていることを教えられました。大陸から遠く離れた深い海で生まれ，すぐに長い旅に送り出され，半年をかけて森に囲まれた日本の川や湖に辿り着き，そこで親に成長すると，子孫を残すために，再び長い旅を続けて生まれ故郷に戻る生き方をずっと守り続けてきたあなた方の野生の生き方に学び直したいと願っています。

迫りくる地球危機

　かつてないほどの速さで地球温暖化と生物多様性の崩壊が進んでいます。多くの生き物が地球上から人知れず姿を消しつつある生物多様性の崩壊は，本当に深刻です。ちょっと前までは共に暮らしてきたあなた方までも絶滅さ

せてしまいそうになっています。人間は，人が地球史に大きな影響を与える今の時代を「人新世」と名付けて，そのまま絶滅しかねない事態を迎えています。あなたたちにとっては，きっとその方がラッキーに違いありませんね。私たちが抱えるこれら二つの深刻な課題の根は同じであり，解決する道は全ての命を大切にする方向への転換だとの思いに至り，気を取り直し，あなた方に地球生命系再生のパートナーになってもらいたいとの思いを深めています。

　人の数が増え過ぎ，自然を支配する生き方へと傾き過ぎて，今になって右往左往している私たちは，あなた方に"自業自得"と冷ややかに見つめられているでしょうね。それでも，解決の道は，自然に身を委ねる生き方に戻ることであり，周りの環境を勝手に変えて安穏と生きる道から，あなた方と同じように環境に適応して，賢く生きる道へ戻ることだと気づき始めている人も増えつつあることも知って欲しいと思っています。本書は，そのような思いの皆さんが協力して生まれたものです。

人の究極のふるさとは海

　私たちもあなた方も，海に生まれた小さな最初の生命から長い時間をかけて進化してきました。私たちの祖先は，初めて背骨を持った生き物としての魚のあるグループが，３億5000万年ほど前に陸に上がったことに遡ります。あなた方は私たちのご先祖様に当たる存在なのです。そのことを魚類の系統進化を詳しく調べ，本書でも「ウナギのルーツは深海魚」を紹介してくださっている西田睦さんは「ひとは陸に上がった魚である」と明言されています。今頃やっとわかったのかと言われそうですね。

　私が生まれたのは今から80年前，最初は母の子宮の中の羊水という"海"の中にいたそうです。人類の進化の歩みを振り返っても，私個人の出生を振り返っても，海は"生まれ故郷"そのものなのです。それなのに，これまであまりにも海をないがしろにして，今ではたくさん造ってたくさん廃棄したプラスチックが細かくなって海に大量に流れ込み，海を埋め尽くすばかりか，巡り巡って母体の海（羊水）まで汚染し始める恐ろしい事態を生み出してしまいました。

第5章▶ウナギ目線の水辺環境の再生・保全

全ての命の源である海と陸の間の水循環

このことの大切さを教えてくれたのは，魚の子どもたちです。彼らは陸域からもたらされる水の中に含まれる栄養塩類，微量元素，微細な鉱物粒子などのおかげで，沢山の餌生物に恵まれ，命をつないで行くことができるのです。「森は海の恋人」の世界そのものです[5]。

地球の二大生物圏は海洋域と森林域です。遠い昔，海に生まれた生き物が陸に上がって，草や木をはじめとする植物，それを餌にする動物など多様な陸上生物に進化したという点では，やはり海が原点です。海から蒸発した水蒸気は雲となり，陸域に雨や雪を降らせて，すべての命を養います。地球上には酸素がなくても生きていける生き物はいますが，水なしに生きていける生き物は存在しません。

森の土の中にしみ込んだ水は様々な物質を貯えて海に運ばれ，海の命の営みを支え続けています。この悠久の時を経た地球生命系の根幹が今，大きく崩れようとしているのです。それが地球環境問題の本質だと言えます。森と海の間の水循環が，「里」の営み（私たち自身の営み）によって壊され，自らを絶滅の危機に追いやっています[6]。それに一向に気づかないばかりか，迷惑なことに，何の責任もないあなた方まで巻き込んでしまいました。

森里海の密接なつながりをあなた方の生き方に学ぶ

海と川を大きく回遊する生き物の北の横綱はサケ，南の横綱はウナギと言えます。サケは，川で産卵し，子どもは海に下って，広く北洋などで大きく成長して，生まれ故郷の川に戻ってきます。一方，あなた方は遠くの海で生まれ，子どもは長い旅を経て日本列島の川にたどり着き，大きく成長すると再び生まれ故郷の海に帰る，サケとは正反対の旅を繰り返しています。どちらも森里海のつながりが生存の土台ですが，必ず生まれ故郷の海に戻るあなた方の生き方に，より強く惹かれます。

私たちが自然と折り合いをつけながら生きる道を探るパートナーをあなた方にお願いしたいと願う理由は，この点にあります。海と共に生きる未来には欠かせない存在だからです。あなた方を絶滅危惧種にしてしまった反省と

共に，あなた方の絶滅化は，私たちの日々の暮らし方が鏡に映し出された姿そのものだとの想いを胸に，厚かましくも未来再生パートナーになってもらいたいと願っています。

"宝の海"から"瀕死の海"に至った有明海

　あなた方は，北海道と琉球列島を除く日本の各地に暮らし，いたるところで起こっている人による環境破壊にめげずに，たくましく命をつないでいます。私たちはその様子に感動するばかりです。この半世紀の間に日本の沿岸漁業の生産量は半分以下に減ってしまいました。沿岸漁業の基盤となる沿岸域，とりわけ陸と海の移行帯としての干潟や藻場の多くは消失し，それらを取り巻く環境は悪くなるばかりです。そこに生きるあなた方はその実情を，私たち以上によく知っているに違いありません。

　かつては，多様な魚介類に恵まれた類まれな漁業生産の場として，"宝の海"と呼ばれた九州の中央にある，ムツゴロウで有名な有明海は，度重なる大規模環境改変によって，今では主な漁獲対象種がビゼンクラゲのみという極めて深刻な"瀕死の海"に至らしてしまいました。それは単に魚介類が獲れなくなったという問題に留まらず，日本ではそこにしか生息しない多くの貴重な特産種を失うという，より根の深い，生物多様性が壊れ行く問題といえます。そこでは，内湾の浄化機能を担い続け，多くの生き物を育んでいた我が国最大級の泥干潟を一挙に干出させて農地に変える諫早湾干拓事業が強行され，社会的に大きな問題となりました。陸と海のつながりという生態系の分断により，地域の人々のあいだにも大きな亀裂をもたらし，地域社会の未来に暗い影を落としています。そのことを身をもって体感しているのはあなた方に違いありません⁷。

諫早湾奥部の本 明 川にあなた方を呼び戻す知恵と工夫

　有明海では，ニホンウナギが泥干潟を格好の生活場として活用していることが知られています（本書，佐藤正典さん，中尾勘悟さん）。その暮らしの場を奪った上に，諫早湾奥部を締め切る潮受け堤防の設置によって，あなた方の子どもが湾奥の本明川にたどり着けなくしてしまいました。半年もの時を費

やし，いろいろな危険をかいくぐって，ようやくたどり着いた川の入り口の手前に立ちはだかる長く巨大な壁，その前で立ち往生したあなた方を私たちはどのように受け止めればよいのでしょうか。自分で考えろ！　と言われそうですね。

　科学的な調査を行い，皆で考え，知恵を出し合い，可能な工夫を凝らすことが求められていると考えています。とりわけ，人の環を紡ぎ直すことが大事だぞとの声が聞こえてきそうです。今を生きる私たちに，豊かな自然を体いっぱいに受け止め，心豊かに暮らす未来世代の生きる権利を奪うことなど許されるはずがありません。あなた方の生き方に学びながら，未来世代の気持ちになって考え，行動することが求められています。

　琵琶湖のそばに生まれ，長い人生の旅の終わりにたどり着いた有明海。今にして，琵琶湖と有明海は，どちらも生物多様性の宝庫であり，森里海（湖）がつながる日本を代表するかけがえのない水環境であることに驚かされています。最初に釣り上げたのは産卵直前の大きくおなかを膨らませた琵琶湖固有種のホンモロコでした。その感激と無数の生まれ来る命を奪ってしまった後悔が重なりあった感情が，今につながっています。

　本書は，一人でも多くの人々，とりわけこれからの時代を担う小中高校生の皆さんに，森里海を旅するあなた方ニホンウナギが想像をはるかに超えるすごい生き物であることを知ってもらい，その声に耳を傾けてもらうためにまとめたものです。

　ニホンウナギが身近に居続けることが，私たちの確かな未来の物差しに違いありません。改めて，あなた方に，有明海を具体例に，日本の沿岸水辺環境再生の不可欠のパートナーになって下さいとお願いいたします。

敬具

水辺でニホンウナギと楽しく遊びたい未来世代に代わって

絶滅危惧種の円卓会議

森里海を結ぶフォーラム

地球史上 6 度目の生物大絶滅

地球上に生まれた生き物は，長い年月をかけて環境にうまく適応しながら，いろいろな種に分かれてきた。それは平坦な途ではなく，大繁栄と大絶滅の繰り返しでもあった。大絶滅の要因として，巨大な隕石や小惑星の衝突，火山の大規模爆発，宇宙からのガンマ線バーストなどの地球内外の物理化学的な大規模事件によると考えられてきた。

それに対して，多くの生き物たちが人知れず地球上から急速に姿を消しつつある，現在の 6 度目と想定される大絶滅への道は，何によるのだろうか。ただ一種の生き物である人（ヒト）が引き起こした地球環境の破壊による点で，これまでとは全く異なる。ヒト（私たち人間）が速やかに地球上から姿を消せば，6 度目の大絶滅は回避されるだが。

6 度目の生物大絶滅は避けられるだろうか

ヒトという生物は，そのことが分かっていながら，それに歯止めがかけられない愚かな生き物なのだろうか。今では，その付けが自らに及び始め，このままでは続く世代に確かな未来がないとの危機感が大きく広がっている。

どうすればよいのだろう。今なら歯止めがかけられるのだろうか。その答えは，絶滅危惧種がよく知っている。ヒトよりはるかに長い時間を様々な困難を乗り越えてたくましく地球に生き続けてきた，野生の生き物の知恵に学び直すことが求められる。

物言わぬ絶滅危惧種と"対話"しながら，その保全と再生を，自らの未来に重ねて，現場で取り組みを進めている人たちがいる。そのような絶滅危惧種の"代理人"に集まってもらい，絶滅危惧種の想いを代弁してもらう場が設けられた。「絶滅危惧種円卓会議」だ。

絶滅危惧種円卓会議が開かれる

その呼びかけの主役は，北海道東部の絶滅危惧種シマフクロウと九州有明海の絶滅危惧種ムツゴロウである。両者は生息する場所が北と南に分かれ，自然界で

は決して出会うことはないが，その代理人なら両者の想いをつなぐことができる。どちらも森里海がつながった環境に生息する生き物であり，お互いの想いをすぐに分かり合える。両者の代理人たちの偶然の出会いがきっかけとなり，北海道から九州に至る全国各地の絶滅危惧種の保全や再生に関わる人々が集うことになった（全国日本学士会会誌『ACADEMIA』187号）。

　2021年10月3日，長崎県諫早市に7種の絶滅危惧種が集まった。北海道のシマフクロウ，霞ケ浦のニホンウナギ，琵琶湖のニゴロブナ，徳島のコウノトリ，山口のカブトガニ，対馬のツシマヤマネコ，長良川（郡上）と有明海（柳川）の"カワガキ"である。この円卓会議は，カワガキという"最も深刻な絶滅危惧種"が参加したことに特徴がある。森や川や海などの自然の中で元気に遊び，自然と共存する意味を体で学ぶ子どもたちが，野生の絶滅危惧種の復活，地球生命系の再生を実現するカギであるとの思いが確認された。

行動宣言

　7種の絶滅危惧種が想いを語り合い，「絶滅危惧種と子どもたちには社会を変える力がある」との行動宣言が確認された。「行動なしには，ことは動かない」と，自然循環のままに生きる宮崎県椎葉村の焼畑の民，椎葉勝さんの明言そのものだ。このことを基に行動し，その環を広げるために，任意団体「森里海を結ぶフォーラム」が発足した。長崎県諫早から岐阜県長良川流域，宮崎県耳川流域，そして岩手県気仙川水系へとタスキがつながれている。

北海道から九州まで，子どもからシニアまで多様なつながりの環を流域視点で広げる森里海を結ぶフォーラム（2021年10月，長崎県諫早市）

引用・参考文献一覧

引用・参考文献一覧　　　※番号は本文該当箇所（末尾右肩）に記載の数字を示す

【第1章】

◆佐藤正典「汽水域の干潟がウナギを育む」

1）海部健三『ウナギの保全生態学』共立出版，2016年
2）黒木真理・塚本勝巳『旅するウナギ』東海大学出版会，2011年
3）佐藤正典『琉球列島の河川に生息するゴカイ類』北斗書房，2022年
4）佐藤正典『有明海の干潟の生物と人々の暮らし』鹿児島大学総合研究博物館，2021年，News Letter No. 46: 1–15.
5）Kan, K., Sato, M., Nagasawa, K. 2016. Tidal-flat macrobenthos as diets of the Japanese eel *Anguilla japonica* in western Japan, with a note on the occurrence of a parasitic nematode *Heliconema anguillae* in eel stomachs. Zoological Science 33: 50–62,
6）東　幹夫・村上　明・村田　博「諫早湾口砂質干潟における底生生物相の分布型と群集食物網」『長崎県生物学会誌』62号，2006年
7）Kaifu, K., Miyazaki, S., Aoyama, J., Kimura, S., Tsukamoto, K. 2013. Diet of Japanese eels *Anguilla Japonica* in the Kojima Bay–Asahi River System, Japan. *Environmental Biology of Fishes* 96: 439–446.
8）Itakura, H., Kaino, T., Miyake, Y., Kitagawa, T., Kimura, S. 2015. Feeding, condition, and abundance of Japanese eels from natural and revetment habitats in the Tone River, Japan. *Environmental Biology of Fishes* 98: 1871–1888.
9）海部健三『わたしのウナギ研究』さ・え・ら書房，2013年
10）Sato, M. 2010. Anthropogenic decline of the peculiar fauna of estuarine mudflats in japan. *Plankton and Benthos Research* 5 (Suppl.): 201–213.
11）花輪伸一「日本の干潟の現状と未来」『地球環境』11：235–244頁，2006年
12）日本ベントス学会編『干潟の絶滅危惧動物図鑑　海岸ベントスのレッドデータブック』東海大学出版会，2012年
13）山室真澄『魚はなぜ減った？　見えない真犯人を追う』つり人社，2021年
14）佐藤正典『海をよみがえらせる』岩波書店，2014年
15）佐藤慎一・東幹夫・松尾匡敏・大高明史・近藤繁生・市川敏弘・佐藤正典「諫早湾干拓調整池における水質・底質ならびに大型底生動物群集の経年変化」『日本ベントス学会誌』74：115–122頁，2020年
16）諫早観光物産コンベンション協会『諫早名物　うなぎ』（観光パンフレット），2022年

◆山下　洋「街のウナギと田舎のウナギ」

1）Kume, M., Yoshikawa, Y., Tanaka, T., Watanabe, S., Mitamura, H., Yamashita, Y. (2022) Water temperature and precipitation stimulate small-sized Japanese eels to climb a low-height vertical weir. PLOS One, 12, e0279617.
2）Kume, M., Terashima, Y., Wada, T., Yamashita, Y. (2019) Longitudinal distribution and microhabitat use of young Japanese eel *Anguilla japonica* in a small river flowing through paddy areas. Journal of Applied Ichthyology, 35, 876-883.
3）Kume, M., Terashima, Y., Kawai, F., Kutzer, A., Wada, T., Yamashita, Y. (2020) Size-dependent change in habitat use of Japanese eel *Anguilla japonica* during the river life stage.

125

Environmental Biology of Fishes, 103, 269-281.

4）Yamamuro, M., Komuro, T., Kamiya, H., Kato, T., Hasegawa, H., Kameda,Y. (2019). Neonicotinoids disrupt aquatic food webs and decrease fishery yields. Science, 366, 620-623.

【第 2 章】

◘西田　睦「ウナギのルーツは深海魚」

1）Inoue, J. G., M. Miya, M. J. Miller, T. Sado, R. Hanel, K. Hatooka, J. Aoyama, Y. Minegishi, M. Nishida, and K. Tsukamoto (2010) Deep-ocean origin of the freshwater eels. Biology Letters, 6, 363–366.

2）Gross, M. R., R. M. Coleman, and R. M. McDowall (1988) Aquatic productivity and the evolution of diadromous fish migration. Science, 239, 1291–1293.

3）Tsukamoto, K., I, Nakai, and F. W. Tesch (1998) Do all freshwater eels migrate? Nature, 396, 635–636.

4）Aoyama, J., M. Nishida, and K. Tsukamoto (2001) Molecular phylogeny and evolution of the freshwater eel, genus *Anguilla*. Molecular Phylogenetics and Evolution, 20, 450–459.

◘長谷川悠波・河端雄毅「外敵に食べられてもなんのその──するりと逃げる裏技」

1）Tsukamoto, K., J. Aoyama, and M.J. Miller, *Present status of the Japanese eel: resources and recent research.* in *Eels at the edge: American Fisheries Society, symposium.* 2009. American Fisheries Society Bethesda, MD.

2）Hasegawa, Y., K. Yokouchi, and Y. Kawabata, *Escaping via the predator's gill: A defensive tactic of juvenile eels after capture by predatory fish.* Ecology, 2022. 103(3): p. e3612.

3）Ponton, F., et al., *Parasite survives predation on its host.* Nature, 2006. 440(7085): p. 756-756.

4）Sugiura, S., *Active escape of prey from predator vent via the digestive tract.* Current Biology, 2020. 30(15): p. R867-R868.

5）D'aout, K. and P. Aerts, A kinematic comparison of forward and backward swimming in the eel *Anguilla anguilla.* Journal of Experimental Biology, 1999. 202(11): p. 1511-1521.

◘笠井亮秀「環境 DNA でウナギの分布を解き明かす」

1）G, F, Ficetola, C, Miaud, F, Pompanon, P, Taberlet 2008 Species detection using environmental DNA from water samples, Biology letters, 4, 423-5,

2）Akihide Kasai, Aya Yamazaki, Hyojin Ahn, Hiroki Yamanaka, Satoshi Kameyama, Reiji Masuda, Nobuyuki Azuma, Shingo Kimura, Tatsuro Karaki, Yuko Kurokawa and Yoh Yamashita 2021 Distribution of Japanese eel *Anguilla japonica* revealed by environmental DNA, Frontiers in Ecology and Evolution, DOI: 10,3389/fevo,2021,621461

3）Karaki T, Sakamoto K, Yamanaka G, Kimura S, and Kasai A 2023 Inshore migration of Japanese eel *Anguilla japonica* encouraged by active horizontal swimming during the glass eel stage, Fisheries Oceanography, DOI: 10,1111/fog,12637

【第 3 章】

◘緒方　弘「ウナギ料理を極める」

『福岡県史 近世史料編 細川小倉藩㈠』西日本文化協会編纂発行，平成 2 年

126

引用・参考文献一覧

『福岡県史 近世史料編 細川小倉藩㈡』西日本文化協会編纂発行，平成5年
『福岡県史 近世史料編 細川小倉藩㈢』西日本文化協会編纂発行，平成13年
松下幸子・吉川誠次・山下光雄「古典料理の研究㈡──料理塩梅集について」『千葉大学教育
　学部研究紀要』第25巻第2部
橋爪伸子・江後廸子「「料理方秘」について」『香蘭女子短期大学研究紀要』第40号別刷，1998年
『毛吹草』新村出校閲・竹内若校訂，岩波書店，昭和47年第三刷
石井治兵衛・石井泰次郎『増補日本料理法大全』清水桂一訳補，第一出版，昭和40年
神津朝夫『長闇堂記・茶道四祖伝書（抄）』淡交社，平成23年
『大日本近世史料細川家史料 1』東京大学史料編纂所，1969年
『小倉市曽根干拓沿革史』小倉市，1954年
北九州市「曽根干潟とは」環境局環境監視部環境監視課
「コマッキオ」ウィキペディア
「京都の夏　ハモのこと」『LIVING kyoto』2017年7月1日号，京都リビング新聞社
小川研次『小倉藩御料理事情』小倉藩葡萄酒研究会，2023年

◆坂本一男「江戸前のウナギ今昔」
1）三田村鳶魚『三田村鳶魚全集』第10巻，中央公論社，1975年
2）越谷吾山『物類称呼』（国立国会図書館デジタルコレクション），1775年
3）林述斎他編『新編武蔵風土記稿 豊島郡』1830年（影印本，文献出版，1998年）
4）鈴木　順「第10章 東京都内湾漁業の実態」『東京都内湾漁業興亡史』（東京都内湾漁業興
　亡史編集委員会編）東京都内湾漁業興亡史刊行会，1971年
5）三村哲夫「第4章 東京湾の漁業対象生物の生態　ウナギ」『東京湾の漁業と資源　その
　今と昔』㈳漁業情報サービスセンター，2005年
6）中尾勘悟・久保正敏『有明海のニホンウナギは語る──食と生態系の未来』河出書房新
　社，2023年
7）東京都島しょ農林水産総合センター『ウナギ』2023年4月26日閲覧
8）華山　謙「東京湾埋立小史」『公害研究』12⑷，1983年
9）鎌谷明善「Ⅰ. 東京湾の姿」『東京湾──100年の環境変遷』（小倉紀雄編）恒星社厚生閣，
　1993年
10）東京湾環境情報センター『東京湾を取り巻く環境』2023年4月26日閲覧
11）河野　博・川辺みどり・石丸　隆「第1章 東京湾をまるごと見る──環境と開発の歴
　史」『江戸前の環境学──海を楽しむ・考える・学びあう12章』（川辺みどり・河野　博編），
　東京大学出版会，2012年
12）神田穣太「第3章 東京湾の水の汚れ──水質と富栄養化」『江戸前の環境学──海を楽
　しむ・考える・学びあう12章』（川辺みどり・河野博編）東京大学出版会，2012年
13）中央ブロック水産業関係研究開発推進会議・東京湾研究会『調査整理表個票⑶：ウナギ』
　2013年
14）東京都産業労働局『東京都の水産』1961〜2022年
15）東京都産業労働局『ウナギの資源管理』2023年4月26日閲覧
16）塚本勝巳『世界で一番詳しい ウナギの話』飛鳥新社，2012年
17）高橋在久「第2章 江戸前の形成と生活史」『東京湾シリーズ 東京湾の歴史』（高橋在久
　編）築地書館，1993年
18）日本国語大辞典第二版編集委員会・小学館国語辞典編集部編『日本国語大辞典 第二版』

小学館，2000年

19) 下村直人編『世界大百科事典 15』（改訂新版）平凡社，2007年

20) 藤森三郎「第1章 東京湾・東京内湾および東京都内湾の定義とその概貌」『東京都内湾漁業興亡史』（東京都内湾漁業興亡史編集委員会編）東京都内湾漁業興亡史刊行会，1971年

◆山本義彦「大阪のど真ん中にニホンウナギが生息する」

1) 大阪市環境局『大阪市環境白書 令和4年度版』2022年，大阪市ホームページ，
https://www.city.osaka.lg.jp/kankyo/page/0000584609.html （2023年6月1日閲覧）

2) 関西テレビ『追跡1年！"あの"道頓堀川に潜ってみたら水が激変していた——「清流の女王」の姿を追う』2022年，関西テレビWEBサイト，
https://www.ktv.jp/news/feature/220923-4/（2023年6月1日閲覧）

3) 大阪市環境局「大阪市内河川魚類生息状況調査を実施しました」2023年，大阪市WEBサイト　https://www.city.osaka.lg.jp/kankyo/page/0000563657.html （2023年6月1日閲覧）

4) 山本義彦・山口翔吾・亀井哲夫・城内智行・團　航・尾嵜　豪「大阪府道頓堀川におけるニホンウナギの標本に基づく初記録および耳石分析」Ichthy- Natural History of Fishes of Japan，30号，2023年

5) 毎日放送 2023．テレビ番組内企画「道頓堀川ウナギのすみかづくり」（2023年7月9日放送）で，Aぇ! group 佐野晶哉氏が考案した標語"道頓堀　ウナギのぼりに　Aぇ川に"

【第5章】

◆飯島　博「ウナギからの質問」

1) ヴァルター・ベンヤミン『一方通行路』（ベンヤミンコレクション　3）浅井健二郎・久保哲司訳，ちくま学芸文庫，1997年

2) アリストテレス『動物誌』島崎三郎訳，岩波文庫，1998年

3) アリストテレス『ニコマコス倫理学』高田三郎訳，岩波文庫，1971年

◆田中　克「ウナギと共に拓く未来」

1) 田中　克『森里海連環学への道』旬報社，2008年

2) Crutzen, Paul, J, 2002 Geology of mankind, Nature, 414

3) 高井　研『生命の起源はどこまでわかったか』岩波書店，2018年

4) 西田　睦　「人類の遠い祖先を海に訪ねて——私たちは魚である」『森里海を結ぶ I　いのちのふるさと海と生きる』（田中克編）花乱社，2017年

5) 畠山重篤『森は海の恋人』文春文庫，2006年

6) 田中　克「「森里海」を紡ぎ直す——生産と消費を繋ぐ"いのち"の循環」『おかやま環境ネットワーク NEWS』100号，2024年

7) 中尾勘悟・久保正敏『有明海のニホンウナギは語る——食と生態系の未来』河出書房新社，2023年

おわりに

　本書では最新の研究なども盛り込んで，不思議に満ちた驚異の生き物ニホンウナギの特性を浮き彫りにすることを試みました。その不思議さは，私たちの想像をはるかに超えるこの上なく"たくましい"生き物であるという点に尽きると思われます。

　多くの魚の子どもたちは，周りに餌生物がいなければ，すぐに飢え死にしてしまいます。それなのに，ウナギの子ども（レプトセファルスやシラスウナギ）は餌がなくても数十日も生き続けられるのです。そして，幼生（仔魚）レプトセファルスが何をどのように食べて半年にもわたる旅を続けて日本などの沿岸域に辿り着くことができるのか，いまだに詳しいことは謎に包まれたままです。

　さらに，川や河口域で成熟し始めると，生まれ故郷からやってきたルートとは別のどのようなルートを辿って，餌も取らずに長い旅を続けて産卵場所に戻ることができるか，これまた，いまだに大きな謎に包まれたままです。

　ウナギのたくましさの根源は，とても柔軟な生き方にあると言えます。現代社会における人の脆弱化とは対極にあるようです。人は，近年の自然災害が身近に頻発する時代を迎え，その真の原因に目を向けて自らの振る舞いを顧みることなく，コンクリートで固める「国土強靱化論」がまかり通る中で，ウナギの柔軟そのものの生き方は，"それはちょっとおかしいよ"と言っているようです。ウナギの暮らしぶりの強靱さに学び直すことが求められています。ウナギの生き方は，激変する環境（難問）に巧みに適応して，個々のいのちを守りながら，ウナギという種としてのいのちをつなぎ続けていることにあります。

　本書ではウナギの神秘性や柔軟性に驚き，畏敬の念を抱くいろいろな分野

の皆さん28名が，地球生命系を蘇らせ，私たちもウナギと同じように地球生命系の一員に過ぎないことを思い起こし，続く世代がウナギと共に幸せに生きることができるように，足元を見つめ直す"言動"を寄せ集めたものです。

　これまで，ウナギに関する書物は数多く出版されていますが，物言わぬウナギの気持ちを可能な限り汲み取り，共に生きる未来への"行動変容"を提言するのが本書の狙いです。「行動なしには，ことは動かない」（椎葉，2022）のです。とりわけ，これからの時代を担う若い世代の皆さんへの伝言でもあります。

　日本の叡智を代表する宮崎 駿 監督の最新作映画『君たちはどう生きるか』との根源的な問いかけに，本書は「ニホンウナギと共に，未来世代の幸せを願って生きる」との想いを込めたものです。

　今，時代は混迷を深めるばかりです。世界各地で紛争が頻発し，情報化の嵐が吹き荒れ，ＡＩの急速な発達は，先行きをいっそう混沌とさせています。ここに取り上げたウナギもその他の生き物も，一見するとほかの生き物と競い合い，生き残ることに終始しているように見えます。しかし，その営みは，大きく見れば"利他的"であると言えます。身近な植物も同じ種の間だけでなく，他種とも助け合いながら生きていることが近年明らかにされつつあります。ひるがえって人はどうでしょうか。残念ながら"利己的"傾向がますます強まっているようにも見えます。

　人間にとって幸福とは何なのかが問わる時代です。野生のニホンウナギと私たち人間が異なる点（人間がすぐれている点）があるとすれば，今を生きる私たちは続く世代のために何かをしたいと願い行動することができることではないでしょうか。そのことによって，人は幸せになり得ると思われます。それが幸福の原点でもあると言えるのではないでしょうか。本書に寄稿いただいた28名の執筆者の共通の思いでもあります。

　本書から醸し出されるであろう世界を読者の皆さんがそれぞれに受け止め，そのメッセージさらに深め，周辺に広げて下さることを願ってやみません。

編　者

❖ 執筆者紹介

[編者]

田中 克（たなか・まさる）
京都大学名誉教授。滋賀県大津市生まれ。小学校担任の先生が琵琶湖に釣りに連れ出してくれたことが原点となり、魚の研究に進む。稚魚に教えられた森と海の不可分のつながりから、2003年に統合学「森里海連環学」を提唱。震災の海三陸や、瀕死の海有明海などで、森と海の間、水辺の再生に取り組む。

望岡典隆（もちおか・のりたか）
九州大学特任教授。1986年、東大海洋研「白鳳丸」が約3cmのウナギの葉形仔魚を採捕した航海に乗船。2009年、西マリアナ海嶺南部水域でニホンウナギの産卵親魚（水産庁開洋丸）と卵（白鳳丸）の採捕に立ち会う。ニホンウナギの復活をめざし、岩手県から鹿児島県に至る主要河川の生息環境改善に挑む。

● 序 章 ●

NOMA（のま）
佐賀県出身のモデル、アーティスト、エコロジスト。モデル業のかたわら、ライフワークとして世界を旅しながら、異文化や自然科学を探求。地球サイエンス＆カルチャーブック『WE EARTH ——海、微生物、緑、土、星、空、虹、7つのキーワードを知る地球のコト全部』刊行。

野中ともよ（のなか・ともよ）
NPO法人ガイア・イニシアティブ代表。NHK、テレビ東京など数々の番組でメインキャスターを務めた後、アサヒビール、三洋電機など多数の企業役員を務める。また政制度審議会、中央教育審議会など政府審議会委員を歴任。2007年、NPO法人ガイア・イニシアティブ設立、地球環境・エネルギー問題に取り組む。ローマクラブ正会員。諫早にも幾度も足を運びウナギたちから話を聴いた。

佐藤正典（さとう・まさのり）
1956年、広島市生まれ。1983年、東北大学大学院理学研究科博士課程修了。現在、鹿児島大学名誉教授。専門は、底生生物学（特に、ゴカイ類の分類、生態に関する研究）。主な著書に、『海をよみがえらせる——諫早湾の再生から考える』（岩波書店）、『琉球列島の河川に生息するゴカイ類』（北斗書房）など。

● 第1章 ●

日比野友亮（ひびの・ゆうすけ）
北九州市立自然史・歴史博物館学芸員（魚類担当）。専門は魚類分類学。愛知県出身で、長年、川魚にまつわる民俗や魚の地方名を地道な聞き取り調査を通じて調べている。かつてウナギ釣りに熱中し、現在は"つみほろぼし"としてウナギ研究に関わる。三重大学大学院修了、博士（学術）。九州大学学術研究員を経て現職。

山下 洋（やました・よう）
京都大学フィールド科学教育研究センター特任教授。ヒラメ・カレイ類などの水産重要魚類が、脆弱な仔稚魚期に沿岸域の複雑な生態系をどのように利用して生き残るのかについて研究。川と海の間を行き来するニホンウナギやスズキの生態を中心に、河川を通した森から海までの生態系のつながりの研究を進めている。

田中秀樹（たなか・ひでき）
近畿大学特任教授。京都大学大学院農学研究科水産学専攻修了。水産庁養殖研究所におい

て1990年ごろからウナギの仔魚飼育研究に携わり，2002年にシラスウナギまでの飼育に成功。2018年より近畿大学水産研究所浦神実験場においてウナギ種苗生産技術の研究・教育に従事。

● 第2章 ●

西田　睦（にしだ・むつみ）
琉球大学学長，東京大学名誉教授。京都市生まれ。京都大学大学院農学研究科博士課程修了，琉球大学，福井県立大学，東京大学海洋研究所（所長）などを経て現職。大規模な分子系統学的・分子集団遺伝学的解析による魚類の多様性進化研究を推進。「地域とともに未来社会をデザインする大学」を目指し，琉球大学の運営・改革に力を注ぐ。

箱山　洋（はこやま・ひろし）
長野大学淡水生物学研究所所長／教授。京都大学農学部卒，同大学農学研究科修了，九州大学理学博士。専門は生態学，水産資源学，数理生物学，生物統計学。最近はニホンウナギの資源管理に関する研究や，千曲川・信濃川において河川の分断化が魚類に与える影響の研究などを進める。

三田村啓理（みたむら・ひろみち）
京都大学大学院農学研究科教授。ニホンウナギ，メバルやメコンオオナマズなどの水産資源動物や絶滅危惧種の維持管理・保全を目指して，熱帯域から極域まで世界各地で魚に発信機をつけて行動を追跡。実直かつ愚直にして一心不乱に猛進すれば，日々喜色満面。明日も魚とともに夢を追い続ける。

長谷川悠波（はせがわ・ゆうは）
長崎大学大学院水産・環境科学総合研究科博士後期課程生。魚類行動学を専門とし，主にニホンウナギの捕食回避行動に関する研究

に注力してきた。学部生の時に「ウナギ稚魚が捕食魚に捕獲された後にそのエラの隙間から脱出する行動」を発見したことがきっかけとなり，研究の世界に足を踏み入れることになった。

河端雄毅（かわばた・ゆうき）
長崎大学大学院水産・環境科学総合研究科准教授。専門は動物行動学。主に魚類，甲殻類，昆虫，ペンギンなどを対象に，捕食回避行動，獲物追跡行動，並びに特殊な行動形質の進化について研究。対象や手法にこだわりなく，独自性の高い面白いテーマを学生たちと楽しみながら進めることを目指している。

笠井亮秀（かさい・あきひで）
北海道大学教授。1965年，兵庫県神戸市生まれ，香川県丸亀市育ち。瀬戸内海で赤潮が猛威を振るっていた高度経済成長期に幼少期を過ごし，沿岸域の環境問題に興味を持ったのがこの世界に入ったきっかけ。気象大学校，東京大学理学研究科卒業。京都大学助手，助教授を経て現職。専門は海洋環境学，水産海洋学。

亀山　哲（かめやま・さとし）
国立環境研究所生物多様性領域主幹研究員。香川県多度津町出身。リモートセンシングやGIS を使った流域圏生態学や自然再生が専門。1999年，北海道大学農学研究科修了（農学博士）。ニホンウナギを最初に釣ったのは小学校1年生の夏。現場を歩いて鋭く観察し，感じたことを人と語り合う，釣りが大好きなおっちゃんです。

● 第3章 ●

中尾勘悟（なかお・かんご）
肥前環境民俗（干潟文化）写真研究所代表。長崎県佐世保市生まれ。佐賀県鹿島市在住。

執筆者紹介

長崎県公立学校教員を32年間務め，1972年以来諫早湾と有明海の漁と暮らしを撮り続ける。東京，静岡，九州各地で展示会を開催。2022年，久保正敏氏と共著で『有明海のウナギは語る――食と生態系の未来』を刊行。

久保正敏（くぼ・まさとし）
国立民族学博物館名誉教授。兵庫県尼崎市生まれ。京都大学大学院修了，工学博士（京都大学）。研究分野を当初の情報工学から民族情報学に変更，理系と文系の協業を目指し，「ミクローマクロ往還」や「木を見て森も見る」を基本理念に，中尾勘悟氏と共著で『有明海のウナギは語る――食と生態系の未来』を出版。

緒方　弘（おがた・ひろし）
1927年創業，北九州市小倉「田舎庵」3代目店主。ウナギ料理に特化した「田舎庵」を経営するとともに，ウナギの食文化の歴史を探り，後世に伝えることに想いを深める。"自然と対話する"ことをモットーに，全国各地を行脚し，天然資源ニホンウナギの保全・再生を願う。

坂本一男（さかもと・かずお）
北海道大学大学院水産学研究科博士課程単位取得満期退学，水産学博士。一般社団法人豊洲市場協会・おさかな普及センター資料館館長，東京大学総合研究博物館研究事業協力者。市場では今日でも「江戸前」は水産物のブランド力を高める。その真打ともいうべきウナギの資源の再生を願う。

● 第4章 ●

木庭慎治（こば・しんじ）
福岡県立山門高校教諭。福岡県みやま市生まれ。福岡県立伝習館高校卒業，愛媛大学理学部大学院を修了後，教職に就く。母校伝習館

高校に勤務後，2014年より内外の多くの皆さんの協力を得て，生徒と共にニホンウナギの研究を開始。2023年に福岡県立山門高校に異動後もウナギ研究を継続。

亀井裕介（かめい・ゆうすけ）
やながわ有明海水族館名誉館長。福岡市生まれ。2021年4月にやながわ有明海水族館長に就任。2024年4月からは名誉館長を務める。佐賀大学農学部2年生。佐賀新聞にて「サガそう水辺の生き物」連載中。『カメスケのかわいい水辺の生き物』①②を出版。

津田　潮（つだ・うしお）
津田産業株式会社社長，大阪府木材連合会会長。2011年，気仙沼市の仮設住宅建設に関わり，畠山重篤さんが先導する「森は海の恋人」植樹祭に出会う。2013年より大阪湾のウナギを育む植樹祭を展開。2023年にNPO法人大阪・ウナギの森植樹実行委員会を立ち上げ，代表を務める。

山本義彦（やまもと・よしひこ）
(地独)大阪府立環境農林水産総合研究所環境研究部自然環境グループ（生物多様性センター）主任研究員。2003年，近畿大学大学院農学研究科水産学専攻修了。大阪府の生物多様性の保全，特に魚類など水生生物の生息状況の調査研究を担当。好きな魚は，沖縄の川に生息するヨロイボウズハゼ。

● 第5章 ●

飯島　博（いいじま・ひろし）
1995年から霞ヶ浦と流域（約2200km²，22市町村，3県）を対象に，自然と共存する循環型社会の構築を目指す「市民型公共事業アサザプロジェクト」を行ってきた。子ども達の学習を軸に，農林水産業や学校，企業，地場産業，行政，自治会，市民団体など多様な主体

133

を結ぶネットワーク型事業を展開。様々な取り組みに，延べ36万人以上が参加。

大久保規子 （おおくぼ・のりこ）

大阪大学大学院法学研究科教授。専攻は行政法，環境法。一橋大学大学院法学研究科博士後期課程修了（博士・法学），ギーセン大学法学修士。2011年より，環境分野の市民参加を促進するためのグリーンアクセスプロジェクトを主宰。現在，自然の権利や将来世代の権利について，国際共同研究を実施中。

畠山　信 （はたけやま・まこと）

NPO法人森は海の恋人副理事長。気仙沼市生まれ。高校卒業後，C.W.ニコルのもとで生態学や生物調査法を学び，屋久島を中心に環境教育や生物調査に携わる。牡蠣漁師をしながら2009年にNPO法人森は海の恋人を設立。東日本大震災で被災後，自然環境を活かした持続可能な地域づくりを展開。

横山勝英 （よこやま・かつひで）

首都大学土木工学科教授。土木研究所河川研究部研究員，東京都立大学土木工学科講師，准教授を経て2017年より現職。専門は環境水理学。ダム貯水池や河口域の流れと水質，生態系の関連性を調査研究。2011年以降，震災復興「気仙沼舞根湾調査」を取りまとめ，多自然川づくりや湿地保全研究を展開。

畠山重篤 （はたけやま・しげあつ）

気仙沼市舞根湾在住，NPO法人森は海の恋人理事長。牡蠣やホタテガイ養殖を経営する傍ら，1989年以来，全国各地で森は海の恋人理念の普及，とりわけ「人の心に木を植える」伝道に取り組む。国連フォレスト・ヒーローズ賞，KYOTO地球環境の殿堂入り，など内外の賞を数々受賞。

装丁：前原正広
うなぎのカット：MIKA

ニホンウナギ読本
ウナギの"想い"を探る　共に生きる未来へ
❖
2024年9月20日　第1刷発行
❖
編　者　田中　克・望岡典隆
発行者　別府大悟
発行所　合同会社花乱社
　　　　〒810-0001　福岡市中央区天神 5-5-8-5D
　　　　電話 092（781）7550　FAX 092（781）7555
　　　　http://www.karansha.com

印刷・製本　大村印刷株式会社
ISBN978-4-910038-97-1

カメスケのかわいい水辺の生き物①②
文・亀井裕介／絵・田渕周平／監修・田中　克

名物現役大学生名誉館長カメスケ君がピックアップした柳川掘割と有明海の生き物を，イラストと写真で分かりやすく紹介。生き物の特徴や見分け方，不思議な生態，名前にまつわる話や絶滅危惧種・外来種の解説まで。
▷Ａ５判変型／96ページ／並製／本体1500円

森里海を結ぶ［4］
いのちの循環「森里海」の現場から
未来世代へのメッセージ72

京都大学名誉教授・田中　克 監修
認定NPO法人シニア自然大学校地球環境自然学講座編

《森里海のつながり―いのちの循環》をテーマに，自然・生き物と向き合う72名の講師による現場からのメッセージは，自然と社会の再生に向かう大きな道しるべとなる。
▷Ａ５判／352ページ／並製／本体2500円

森里海を結ぶ［3］　**いのち輝く有明海を**
分断・対立を超えて協働の未来選択へ
田中　克 編

様々な分野の研究者と有明海に生きる人々（漁業者と農業者，そして地域社会）の知見を結集し，総合的な理解を進め，未来世代のための有明海問題の本質と未来を考える。
▷Ａ５判／312ページ／並製／本体2000円

森里海を結ぶ［1］　**いのちのふるさと海と生きる**
田中　克 編

今こそ持続可能な循環共生型「環境・生命文明社会」への転換を目指し，市場主義を変革する世界のモデルとなるために，環境蘇生に向けて分野を横断した"知"を結集する。
▷Ａ５判／274ページ／並製／本体1800円

森里海連環による **有明海再生への道**
心の森を育む

NPO法人SPERA 森里海・時代を拓く編
田中　克・吉永郁生監修

水際環境の保全と再生という喫緊の課題に向け，森と海の"つながり"，自然とともに生きる価値観の復元を目指す森里海連環の考え方に基づいた，民学協同の実践の成果。
▷Ａ５判／184ページ／並製／本体1600円

❖花乱社の本